U0161826

大厨必读系列

藤椒风味菜

赵跃军·编著

蔡名雄·摄影

中国纺织出版社有限公司

# 代序❶
## 藤椒美味正当时

　　藤椒种植和食用药用的历史悠久，藤椒油在饮食行业中的应用也很广泛，但是"藤椒美食"这个新概念的横空出世却有点时空穿越的感觉。大牌餐饮企业多将主打产品、明星产品与藤椒滋味相连接，形成当下风靡的时尚美味，不论是西式快餐的藤椒汉堡，还是大众版的藤椒方便面，不论是风味食品藤椒鸡、藤椒鱼，还是"高大上"的藤椒蟹粉、藤椒罐焖四宝，名师大厨绞尽脑汁，都希望把自己的"拿手菜"加挂藤椒"桂冠"隆重推出，因为消费市场有需求，大众消费有兴趣，市场决定了供给侧的深化改革、餐饮服务的拓展升级和美食产品的与时俱进。

　　2019年中国餐饮消费已经跨入了四万亿的新时代，并且餐饮消费的增速在社会商品零售总额中处在领跑地位。在中国烹饪协会的餐饮消费调查报告中可以发现，更多消费者关注体验式就餐、关心食材的新鲜度和营养价值，更能欣赏传统美食的当代风采。

　　藤椒油的制作对藤椒树的种植环境有严格要求、采摘加工有时间限制，再运用得到完整保护利用与传承发展的非物质文化遗产"藤椒油焖制工艺"制作而成的健康调味油食材，风味绝佳，烹饪应用时简繁皆宜，适用性广。

　　今日藤椒油已不仅仅是洪雅的地方风味，而是全国餐饮界的宠儿，被厚爱有加。2018年藤椒采摘季节，我来到四川的洪雅，近距离参观了幺麻子藤椒油的加工过程，特别是在藤椒收购这个多数消费者看不见的环节让我内心震撼，无数的藤椒农户肩扛背驮、车推轮送、挑灯夜战，为的就是把当天采摘的藤椒籽在最佳状态下送到加工厂，工厂也是连夜加工、一刻不停地进行生产，万分小心地侍候着。当充满芳香气息、晶莹剔透的藤椒油呈现在我们面前的时候，无数的农户和藤椒油生产工人都会在消费者满意的笑容中找到他们的骄傲和幸福。

　　中国美食已经成为中国文化在海内外的第一元素，中国美食是中国文化的基础和内涵，中国美食是老百姓舌尖上的记忆和乡愁，中国美食是新时代人民群众美好生活的体现与分享的落脚点。习近平总书记说过："绿水青山就是金山银山。"而藤椒油，对中餐来说就是那金山银山里的绿水青山。

**冯恩援**

中国烹饪协会副会长

2019年1月6日于北京

# 代为序②
## 有故事的藤椒油

"采摘十粒鲜果，浸出一滴好油。"如今，越来越多的消费者与藤椒油结下了美食之缘。从凉菜到热菜，从烧烤到火锅，都可以发现藤椒油的身影。藤椒油是颇受当前食客欢迎的调味油。

四川洪雅县自古盛产藤椒，每年六七月藤椒成熟时，洪雅百姓都会焖制藤椒油，用于做豆花蘸水、凉拌鸡肉、为河鲜调味等。在相当长的时间里，由于加工技术和市场营销的局限，藤椒油只出现在洪雅地区的餐桌上，对更广阔的国内外消费市场来说，还是"藏在深山人未识"。

2017年3月，作为中国科普作家协会寻觅藤椒文化的考察组成员之一，我来到位于洪雅县止戈镇的洪雅藤椒文化博物馆，对藤椒油进行科普考察。洪雅藤椒文化博物馆于2010年创建并免费对外开放之后，藤椒油的身世开始广为人知。那些栩栩如生的铜塑，生动形象地再现了清代四川洪雅人采收藤椒和炼制、经营、食用藤椒油的过程。这个过程的形成得感谢一位绰号"幺麻子"的洪雅名厨。据历史资料记载，"幺麻子"本名赵子固，潜心研究，进而完善"藤椒油焖制工艺"。这是清代顺治元年（公元1644年）的事了。

20世纪40年代，幺麻子藤椒油第16代传人赵良育仍劳作在老作坊里，沿用祖传的焖油法：挑选藤椒，凭经验和悟性控制油温，淋制后将藤椒和热油入罐，封闭熬制，正反式翻料，用荷叶封闭罐口后焖油，自然冷却、沉淀。

2002年，幺麻子藤椒油第18代传人赵跃军创办洪雅县幺麻子食品有限公司，引领藤椒油产业踏上了高速发展之路。保留藤椒油传统焖制技法的精髓，融入现代鲜榨加工工艺的先进技术，确保产品自然、纯正的本真属性。在传承幺麻子钵钵鸡等"老字号"名吃的同时，不断推出各类藤椒菜肴：藤椒鱼、藤椒鸭、藤椒小吃、藤椒吊锅，甚至还有藤椒冰激凌……

在藤椒油加工、销售和调味品文化方面取得巨大成功后，赵跃军积极倡导"厨行天下，爱传万家"，成功举办多次藤椒菜品制作技术交流、学习、比赛，研发藤椒风味宴和关爱厨师等大型公益活动。本书的问世，将令世人更加关注藤椒油的价值：色泽亮丽、口味清爽、麻香浓郁，还有消食健胃、增进食欲的功效。

单守庆

中国药膳协会副会长、资深美食学者、评论家
2019年1月8日

# 推荐序③
# 交流，拉近人们的距离

我出过好几本书，而能让我满意的摄影师，却寥寥无几！有时候想，不是这些摄影师不好，而是我自己太"难搞"，要求的太多了！

这二十年来，大雄却是我最喜欢的一位摄影师，因为总能从他的摄影作品中，尤其在那深层的底处，找到丝丝酝酿文化的"美"。

跃军！更是奇人，在远离台湾十万八千里之外的四川洪雅，能与他结识，怎能不说靠一个"缘"字？

2014年，通过何涛会长的引荐，参访跃军一手创立、辛苦努力打造的"幺麻子"，他的称号、他的产品（藤椒油）对我这个出生在台湾的人来说，都是"陌生"的。

在跃军的接待会中，我被他感动，秉性纯朴有爱、忠勤职志、永不退却。许多励志名言，都深烙在我的记忆中。

大雄出版过《经典川菜》等多本川菜书籍，此次又与跃军合作，他们二位的结合，更是对四川菜的传承、发扬，从史观上、科学研究、论述上产生了极大影响！

四川的朋友告诉我，大雄——一个来自台湾的摄影师，在川菜行业及洪雅乡下成长的企业家的支持下，能把四川人没做到的事完成了！这一跨菜系、跨地域的互信合作与其说是弘扬川菜，不如更贴切地说，是对中华饮食文化的一种贡献。

跃军的这本《藤椒风味菜》由大雄负责拍摄及制作，希望能把稀有的"藤椒文化"推广到台湾，我乐见其成。因为通过饮食与文化的交流，更能拉近人们的心灵距离，也让台湾的多元饮食风格再多一种美味！

对于大雄的专业呈现、跃军的事业成就，或许别人会说他们某些部分是"难搞"的，实际上却可能具有与我一样的特质，就是挑剔中产生的坚持，以使品质得以保证。

而我更期盼的是通过不断的交流，幺麻子产品、包装更上一层楼，不仅进军亚洲，更要走向世界！相信藤椒"这个味儿"出现在米其林三星的餐桌上，也是指日可待的事情！

**梁幼祥**

知名美食家

2019年2月16日于台北

# 代为序④
## 奇人赵跃军

洪雅的朋友告诉我，赵跃军是一位奇人。后来见到赵跃军本人，并熟悉起来，方知朋友所言不谬。所谓"未见奇人，想见其人。见了其人，果然奇人"。

赵跃军的爷爷做得一手好饭菜，并传给了赵跃军的父亲赵德元。赵德元正直、热心，加上好厨艺，常被乡邻请去操办红白喜事。新中国成立后一直担任生产队粮仓的保管。守着一仓库的黄谷、玉米，却把自己饿出病。临终前，他跟赵跃军说："做人要有骨气，咱们饿死也不能拿公家一粒粮！"失去父亲，幼小的赵跃军从此吃百家饭，穿百家衣，深深感到乡情的温暖。小时候的磨难融入了赵跃军的生命，此可谓一奇也。

1990年代，洪瓦的路边悄然开起一家"幺幺饭店"。我在这家饭店吃过饭，味道的确巴适，当时为此还写过一首小诗：

幺幺饭店的红漆门窗，
是洪瓦路上的一道风景。
南来北往的匆匆过客，
总能尝到浓浓的乡情。

老板娘递上一杯杯欢迎，
热乎乎的毛巾拂去一路风尘。

炒菜的汉子端出一盘盘微笑，
捎带着二两高庙白酒的热情。

烟熏火燎的日子麻麻辣辣，
蒸炒煎煮的生活苦苦辛辛。
灶膛里哔哔啵啵燃烧的梦想，
每一天总是和太阳一路飞升。

直到客人拎走一瓶故事，
带走藤椒油的传奇。
炒一锅诚信感恩的菜，
一定能收获香喷喷的人生。

诗中写到的"炒菜的汉子"，正是幺幺饭店的创始人、主厨赵跃军，而"老板娘"则是他相濡以沫的爱人。秉承家传厨艺，赵跃军夫妻俩诚信待客，饭店生意红火、声名鹊起。其私房秘诀，就是在菜中添加自家炼制的藤椒油。农民变身大厨，掘到人生第一桶金，此乃二奇也。

好味道人人喜欢！吃好喝好的客人都要买些藤椒油带走，这让赵跃军嗅到了商机。于是边经营饭店，边办藤椒油作坊。那时赵跃军和爱人在成都蹬着一辆载着藤椒油的破三轮，走进大小餐馆酒楼推销藤椒油。当时，就是餐厅的厨师，也极少有人接触过藤椒油。推销时，客气点的请你出去，不客气的直接轰出去。功夫不负有心人，现在的"幺麻子藤椒油"已经占有全国70%的市场份额，更外销欧美、日本及东南亚等地。厨师赵跃军华丽转身，成为优秀企业家，此可算得上三奇也。

在赵跃军身上既有农民的厚道，又有生意人的精明；既有政治家的高瞻远瞩，又有草根的善良仁慈。厨师出身的他深知厨师的不易，发起了"厨师关爱行动"，每年邀请全国各地的厨师同行到洪雅旅游交流、休憩身心。自己更是帮扶40多名孤残儿童直到大学毕业或参加工作。

有一次在成都吃饭，饭后他让服务员打包。他说，吃了不可惜，浪费了可惜。一个大公司的老总，如此节约，此可谓四奇也。

文化是企业的灵魂，建厂之初，他就创办了"洪雅藤椒文化博物馆"。近年来，在他的策划和组织下修建藤椒文化产业园，筹备大型互动情景体验剧《一代天椒》，让藤椒文化融入旅游产业。赵跃军一手企业，一手文化，追梦前行。此为五奇也。

谁也说不清赵跃军身上还会发生多少传奇的故事。去年，他告诉我他正在搜集资料，写一本有关藤椒的书。

春去秋来，《藤椒风味菜》已近完成。此刻初稿就捧在我的手上。全书图文并茂，共分七篇。"清香麻·话藤椒"把独具清香麻爽的藤椒历史进行新的分析和研究，从而得出"一粒藤椒可以笑傲江湖"的结论。接着"识藤椒·享滋味"，从洪雅特殊的地理环境出发，综合植物学和地理学重新阐释藤椒的独特性。再摆"藤椒菜，一点就美味"，吊足食客的胃，其实那"一点"就是食客的舌尖。可谓"一书在手，竞登堂奥"。

接着介绍118道藤椒菜肴。从"洪雅家传老味道""经典藤椒风味菜""巧用藤椒创新菜"，到打破川菜地域藩篱的"融合混搭出妙味"，传统川菜24种味型，从此就要加上"藤椒味"这一新味型了！读着书，垂涎三尺，恨不能拈筷就盏，浮一大白，以慰狼牙关、舌尖阵的渴盼。

另一特色是将中国藤椒之乡洪雅的古村古镇、民情风俗逐一图文介绍。让读者在学习制作美味佳肴的同时，心驰神往洪雅一游，平添了神游的乐趣。

"创业千古事，甘苦寸心知"，奇人赵跃军，一生为藤椒抒写传奇。你让人们记住了历史，也让历史记住了你！

**王晋川**

中国著名作家、诗人、音乐家
四川省眉山市文联副主席
2019年1月1日于四川眉山

# 椒香天下
## ——写在《藤椒风味菜》出版之际

常言道：味蕾是有记忆的。但凡美味佳肴，品尝过大多不会忘。就如藤椒风味菜，相见恨晚，一见钟情。

藤椒风味菜，口感清香麻，温柔的刺激让人提振食欲。荤菜素菜，热菜冷菜，椒香催味蕾绽放，充盈于口腔鼻腔的那缕清香麻悠，游离于唇齿舌尖，沁心入脾，周身通泰，天香真味强势征服你的胃口。仅一道幺麻子钵钵鸡就惹得人垂涎欲滴。芸芸众生，吃货，好吃嘴，美食家，食神，吃出一样的精彩，吃出不一样的境界。

一招鲜吃遍天下。藤椒果和菜籽油的完美组合，纯天然、有机、无添加的调味品，顺应了全球健康生活的发展潮流。藤椒风味菜，风靡四川，风靡华夏，风靡世界。一种新味型，演绎千荤万素的菜品，连汉堡包也紧紧跟上了这波席卷中外的风味大潮。中国四川洪雅幺麻子藤椒油出口美国、日本、韩国、新加坡、澳大利亚、新西兰等20多个国家和地区。

知味识地，知味识人。藤椒风味源起何处？创者何人？简言之：源自四川洪雅——中国藤椒之乡，青山绿水风光秀美的国家生态县；创者乃集传统技艺之大成，获国家发明专利和绿色食品认证的幺麻子藤椒油品牌创始人赵跃军是也。

藤椒，和红花椒、青花椒属同一家族，主产于瓦屋山下青衣江畔。《本草纲目》将其称为崖椒、蔓椒、地椒。此野生灌木，枝干如藤蔓，且长满尖刺，二三月开花，六七月果实成熟。每临盛夏，洪雅民间大都采摘鲜藤椒用来焖油，用不完的则拿到集市上卖，提篮拎篓的大妈大婶将藤椒摆放荷叶上，一堆堆青绿椒珠飘散出一缕缕麻悠悠的清香。这道风景是洪雅人最美的记忆，香透了岁月，更是一段幸福的时光。用藤椒油入菜调味，调出了洪雅民间祖辈相传的地道口感，十粒椒一滴油，去芜存菁，浓缩的都是精华，更是自然的馈赠。

椒史漫长，2000多年积淀，500年一个拐点，100年一场推演，16年引爆裂变。藤椒食用从悠久的农耕文明走向现代工业文明，从乡野江湖小众区域风味扩展成五湖四海的大众美食。一名从乡村大厨成长起来的优秀民营企业家，伴随中国改革开放的进程，把握西部大开发的机遇创立了四川洪雅县幺麻子食品有限公司，实现了从作坊到工厂到集团公司的一次次华丽转身，书写了令人刮目的创业传奇。

时代育精英，椒香飘天下。在各级党政支持及产业政策扶持基础上，我们见证了一个民营企业的崛起和壮大，见证了一名企业家的成长和成功。当机遇和胆略，创意和勤奋碰撞在一起的时候，也就是离成功最近的时候。赵跃军开办幺幺饭店，待人亲和友善，服务周到，藤椒风味菜也大受欢迎，外地食客用餐后竞相求购藤椒油。乡村大厨由此看到了一个巨大的商机，积蓄了将小藤椒推向大市场的动力。

一个走向成功的企业，总是在不停的探索创新中创造奇迹。走进幺麻子公司的荣誉陈列室，100多块金光闪闪的奖牌在无声地讲述着奋斗者的故事。藤椒产品进军中国西部国际博览会、中国国际现代农业博览会、中国国际旅游商品博览会……拥有抢眼的一席之地，幺麻子钵钵鸡签约西南航空食品，入选央视春晚菜单，藤椒油牵手汉堡王、肯德基，展翅一带一路，出口与日俱增，誉传国际。媒体闻风而动，央视《舌尖上的中国》、《一城一味》等栏目热播，让"中国藤椒之乡"名声响亮。藤椒绿珍珠惊艳世界，藤椒风味菜天下共享。

藤椒何以香天下？我们可以从赵跃军的实践中找到答案。藤椒从过去零星种植到集约化发展，通过"公司＋基地＋专业合作社＋农户"的运作，以洪雅为核心辐射周边市县，小小藤椒成为农村脱贫增收的产业；农旅结合，工旅相融，文企一体，第一、第二、第三产业联动，幺麻子模式成为民企创新的典范。以德立魂，以文育人，以情动人，培育饮食文化品牌，激发调味品生产企业活力。

用心用情用功做事，脚踏实地探索奋进，干一行爱一行，钻一行精一行，方可成为状元郎。这可以说是赵跃军成功秘籍的另一种解读。用心，"德元楼"可鉴孝心，"厨师关爱"可察真心，支持公益可见善心。用情，视员工为家人，互敬可亲；视客户如故交，朋友满天下。用功，审时度势，运用科技成果，实现产品开发升级更新，引领市场。这些年来，赵跃军先生不断强化自身修炼，多次到四川农业大学、四川大学、浙江大学、清华大学、北京大学轮训，先后到美国、俄罗斯、德国、韩国、日本等国考察，知识储备使其眼界开阔，企业发展更是行稳致远。

一个企业家最重要的使命是为企业"立魂"。"饮德食和，万邦同乐"是赵跃军的精神追求和发展理念。弘扬中华美食文化，推广《藤椒风味菜》，其功莫大焉，善莫大焉。

信念生根，梦想开花。

一滴神油，椒香天下。

**钟向荣**

中国散文学会会员
洪雅县散文学会会长
2019年02月于洪雅

## 幸福的味道

如果说花椒是川菜的骨，那么藤椒应是川味的魂。

四川人爱花椒，如痴如醉，四川人喜藤椒，情有独钟。无论是蒸煮煎炒还是凉炖爆烩都会看到椒的身影，嗅到麻的清香。哪怕是煮一锅白水萝卜，四川人都会拍一块姜，放几根芽菜，再投入几粒花椒。避水气、去泥腥、添滋香、增厚味，一锅平淡的家常菜立马活色生香。哪怕是下一碗白水面条，只要有一点点盐，一两滴藤椒油，都可以有滋有味、令人垂涎。

那些年家中有几粒花椒是富有的表现，有半瓶藤椒油就是幸福的源泉。生活再艰难，母亲也会节省出一两元钱从走村串乡、沿路叫卖的凉山彝族卖椒人手里买上几钱花椒。这时我们会围上去，好奇地听着卖椒人那来自天外的异音，闻着他们身上混搭着其他味道的花椒香味。

在家乡洪雅，每年六七月份乡亲们的家中都会飘出藤椒油的香气。那香味抚摩着故乡的山水，肆无忌惮地钻进我身体的每一个毛孔，让我沉醉，让我欣喜。那时的我，好想能多一些这样的机会，多一些这样的味道让我充分吸收……啊，那忘情的椒香之味哟！

有一年春天，姐姐的男朋友要到我家来，他可是参加了对越自卫反击战荣立三等功的军人。我这个从连环画上产生出对红军、八路军、解放军等英雄们敬爱和崇拜的小弟弟，对即将到来的真英雄更是翘首以盼。

怎样来迎接招待第一次上门的贵客？妈妈望着一贫如洗的家，望着缺油无肉的灶台，无奈地把目光投向了家里仅有的两只母鸡。

一只正咯咯地照顾着它的小鸡，一只是正在下蛋的"印钞鸡"。妈妈含着泪，指着下蛋鸡，说："用它来招待你哥哥吧。"

我知道妈妈的不舍，那只鸡正努力的一日一蛋的换取着我们全家盐钱药钱，三个儿女每月每人有一只鸡蛋补充营养。妈妈擦了擦眼泪，安慰我们说："等小鸡长大了，就不愁了！"

我们默默地跟着妈妈做起了准备工作。推豆花的黄豆要筛选好，拌鸡肉的海椒要炒香捣好，点豆花的岩盐要锤细，看着空空的藤椒油瓶和灶头空空的花椒竹篓才知道还有一件天大的事情要做，那就是买花椒。

我跑到房子外面的公路上竖起耳朵，睁大眼睛努力地去搜寻那特殊的吆喝声和那熟悉的卖椒人身影。

两天过去了，全家期盼的身影没有出现，全家最想听见的声音没有来。明天，英雄哥哥就要来了，没有藤椒、没有麻香的菜，会像没有魂一样的无味，我着急了。妈妈安慰我说："没有就算了，将就吧！"可我的心却无比不安，我说我们去借借吧。妈妈带着我走了左邻右舍几家乡亲，同样贫困的大家和我们一样，春节期间早把这些东西用完了。

看着我迈着失望的脚步，妈妈抬头看看左边的房子欲言又止，那是侯表爷家。前几天，因我家的母鸡带着鸡仔，把他家刚栽下的菜秧刨了，他家却把我们的小鸡打死了一只。我知道妈妈的心思，还在伤心的妈妈怎么肯开口，我果断地说："大大（父亲去世后，九岁的我就开始这样敬称身有残疾却很坚强的妈妈），我去问问。"

侯表爷热情的招呼着我，得知来意后侯表爷麻利地取出十几粒花椒包在纸里，还将藤椒油舀了一小勺让我一起拿回家。

双手捧着十几粒香味扑鼻的花椒和黄亮亮的藤椒油，耳边回荡着侯表爷温暖的话语："幺幺，给你妈妈说这些不用还了，等到六月份藤椒成熟时，我再送些给你们。你嬢把你家的小鸡打死了不对，这点花椒和油算是对你们的赔偿和道歉哈！"

我知道我这双手捧着的，不仅仅是增香添味的调料，更是带给我们心灵深处的温暖，和谐相处的幸福美味！

第二天，哥哥如约而至。一身戎装的他，让我兴奋，让我自豪，让我敬佩！开席前，妈妈端着一碗热腾腾的豆花，我端着一碗香喷喷的藤椒鸡，送到侯表爷家以示感谢。我们两家从此亲善有加，厨艺超好的侯表爷还时不时传授我手艺，教给我知识。我也遵从父亲的遗愿，走上了厨师之路，成为一个天天与麻辣酱醋油盐柴米打交道的厨人了。

那份带着对幸福味道的理解和深刻记忆，让我对家乡的藤椒有了更深的认知与了解。带着浓浓椒香情义的人生经历让我成了一个炼椒为油、走街串巷的卖椒人。我努力地让这份带着温暖气息的家乡味道，让更多的食客喜爱与享用，让更多的大师大厨们调制美味，椒香远扬。

几十年过去了，说不清是小小的藤椒成就了我，还是我这个爱椒人成就了藤椒。藤椒风味伴随着我走过的脚步，不！应该是伴随千千万万天下大厨的脚步香飘世界。在接下来的时光里，我将继续用家乡的藤椒油给您带来开心与温暖，用这本凝聚着先辈们智慧和众人心血的《藤椒风味菜》带给您幸福的味道！

赵跃军

2018 年 12 月 20 日于四川洪雅

# 目 录

## 第一篇
## 清香麻·话藤椒

## 第二篇
## 识藤椒·享滋味

## 第三篇
## 藤椒菜，一点就美味

## 第四篇
# 洪雅家传老味道

## 第五篇
# 经典藤椒风味菜

# 第六篇
# 巧用藤椒创新菜

# 第七篇
# 融合混搭出妙味

# 第一篇 清香麻·话藤椒

藤椒风味菜品经过近30年的传播与流行，除了最早成为有代表性的名菜的"藤椒钵钵鸡"外，在川西上河帮、重庆下河帮、川南小河帮及江湖川菜等各大流派厨师的努力下，各式藤椒风味菜蓬勃发展，在市场的检验下，许多当时的流行菜品逐渐成为今日的经典菜品，也因而催生"藤椒味"这一现代川菜味型。

经典藤椒菜品的基本特点就是藤椒清香麻风味鲜明，又因诞生于物资、人员蓬勃交流的现代，在选料、调味上不拘一格，工艺上烧、煮、炒、爆、溜、炸、拌、淋皆可适应，冷热菜不限，且成菜色泽清爽，又或浓或艳等特色，大大区别于川菜其他味型的局限性。

# 浅谈花椒史

"椒"在历史中有很长的一段时间是宫廷文化的重要组成部分。如《后汉书·班彪列传》记载："后宫则有掖庭椒房,后妃之室。"皇后居住的宫殿名"椒室"或"椒房",这是因为宫殿墙壁抹上一层花椒和泥的混合泥,取其性温,也具有防虫蚁的效果。此外,花椒总是果实累累,也象征"多子"之意。

## 先秦之前,花椒入酒不入菜

目前可见的文献中,花椒的记载最早见于诗经中,如《诗经·周颂·闵予小子之什·载芟》中:"有椒其馨,胡考之宁。"讲述花椒的美好气味,能延年益寿。又如《诗经·陈风·东门之枌》:"视尔如荍,贻我握椒。"这是一首描写男女爱情的情歌,女孩子果实累累、颜色鲜亮、气味芬芳的花椒作为定情之物,送给了男孩子。

一直到秦朝,与花椒相关的记录多与祭祀、医疗有关。因为花椒的香气极为突出且颜色鲜亮,被视为符合祭祀礼制的祭品,是先民对于祭祀中"香能通神"的一种具体表现。另外,先秦作为重要祭品的酒、浆可能是人们尝试、认识花椒香麻味的最早媒介,如战国时期的《离骚·九歌·东皇太一》中写到:"蕙肴蒸兮兰藉,奠桂酒兮椒浆。"在祭祀乐舞仪式中用"桂酒椒浆"作为祭品,期间仪式性的品饮或仪式后通过分享品饮作为赐福之意应是必然,也为之后的花椒入菜埋下了伏笔。从汉朝《后汉书·文苑列传下》将椒酒作为奢侈的象征,唐朝的《艺文类聚·卷七十二·食物部》记载过年时给长辈奉椒酒作为祝福的习俗可进一步确认。

四川省阿坝州西路红花椒的产地风情。

关于过年时给长辈奉椒酒作为祝福的文献记载。

医疗方面，《黄帝内经·灵枢经》卷二中记载："用淳酒二十斤，蜀椒一升，干姜一斤，桂心一斤，凡四种……以熨寒痹。"，明确指出四川蜀地的花椒有较好的促进循环及驱寒气的功效。在这之后的各家医书中也都提及了花椒入药，也多次指名用蜀椒，更加确定四川地区是优质花椒的主产地。

## 汉之后，花椒入菜渐成风潮

中华饮食史中，花椒成为菜肴调辅料的记录是从汉朝开始的。

汉朝刘熙的《释名·释饮食》中记载："脂，衔也，衔炙细密肉和以姜椒盐豉巳，乃以肉衔裹其表而炙之也。"当中明确指出是将花椒当作调味料加入肉末中再煎炙食用。之后，魏晋南北朝（公元220—589年）花椒入菜之风开始盛行，如当时的《齐民要术》（贾思勰）、《饼说》（吴均）等书中都出现了大量用花椒调味的烹饪工艺与菜品。

对于四川地区使用花椒最早的记录，当属唐代（公元618—907年）段成式的笔记式小说集《酉阳杂俎》，书中"酒食"篇记载有"蜀捣炙"的菜名，夹在一大串的菜名中，虽只能通过"蜀"这自古就泛指四川地区的字来推论，但也不无道理，因蜀地一直以来就是优质花椒的产地。此外用"鸣姜动椒"描述用姜、花椒等香料进行烹调的文字，由此可知，"蜀捣炙"应该就是以花椒调味、独具花椒风味的

传统柴火灶厨房。

"烧烤"菜。

另外，从经济种植的角度来佐证，应该更能接近事实，就是唐朝之前的梁·陶弘景（公元456—536年）在《本草经集注》"蜀椒"一文说："（蜀椒）出蜀郡北部，人家种之，皮肉浓，腹里白，气味浓。"可以看到花椒在蜀地种植的普遍性与品种的优良，间接说明蜀地可能早在两晋（公元220—589年）之时就发展出花椒入菜的饮食习惯。

农业技术快速发展，促进五谷杂粮的普及食用。图为洪雅地区的早期农耕风情。

## 关于"椒"字

文献资料中，"椒"字除了指花椒之外，另指孤立的土丘或指山顶。还可以是地名、姓氏。详见康熙字典对"椒"字的解释：

"椒——椒树似茱萸，有针刺，叶坚而滑泽，蜀人作茶，吴人作茗。今成皋山中有椒，谓之竹叶椒。东海诸岛亦有椒树，子长而不圆，味似橘皮，岛上獐、鹿食此，肉作椒橘香。

又【汉官仪】皇后以椒涂壁，称椒房，取其温也。

【桓子·新论】董贤女弟为昭仪，居舍号椒风。

又【荀子·礼论】椒兰芬苾，所以养鼻也。

又【荆楚岁时记】正月一日，长幼以次拜贺，进椒酒。

又土高四堕曰椒丘。【屈原·离骚】驰椒丘且焉止息。

又山顶亦曰椒。【谢庄·月赋】菊散芳于山椒。

又邑名。亦姓也。椒，春秋楚邑，椒举以邑为姓。"

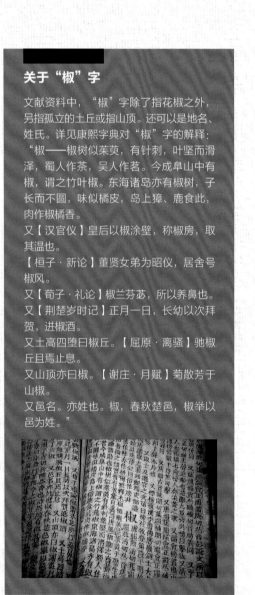

## 饮食结构影响花椒需求

从历史中可以发现，直到宋朝，社会整体饮食结构仍以肉类为主。从汉朝起，用花椒调味和除异味逐渐发展成主流，相关文献记载数量也达到巅峰。但后来的元朝尚武，民生方面明显失调，加上当时人们烹调不用花椒，花椒的使用产生断层。到了明朝，虽有恢复，但农业相关研究指出，明朝起农业技术大幅进步，五谷杂粮全面普及食用，特别是辣椒的传入与使用，使得整个社会饮食对花椒的依赖迅速降低。这一现象还可从历史上关于农林业发展的记录间接得到佐证，亦即明朝以前在黄河流域中下游、长江流域上中下游都有大量的花椒种植记录，东面沿海各省同样有大量的种植、分布与食用记录。

总的来说，明朝之前，几乎全国都在用花椒入菜；明朝后期开始，花椒使用的地理范围开始大幅缩小，直到清朝初期后逐渐定型。今天，各民间菜系中，除了川菜，已经看不到普遍使用花椒的习惯，造成了现代多数人都不认识、不了解何谓麻香感，总是谈"麻"色变的现象。

在以牛、羊、猪等各种肉类为主食的时代，花椒因去腥除异功效极佳而被普遍运用是可以理解的，但为何从明朝起，社会饮食结构改变，以五谷杂粮为主食后，大江南北都逐渐抛弃花椒使用之际，只有位于西南，东晋·常璩《华阳国志》所记载："尚滋味，好辛香"的巴蜀地区对花椒不离不弃？还是因为戒不了这"麻瘾"。

历史上连续进贡时间最长的汉源花椒成熟时的样子。

## 川人"麻瘾"源自巴蜀好花椒

四川地区的优良花椒品种相对多样、产量丰富、香麻风味俱佳，使得花椒入菜的饮食传统和习惯被限制在四川地区。时至今日，被饮食市场普遍认可、适合入菜的最佳花椒品种依旧在四川地区。

四川花椒的优点在于少量入菜，可去腥除异，适当增量更能带来增香、调味的效果，菜肴的滋味会有明显的提升。另外，四川的环境相对封闭，湿度偏高，令川人对花椒促汗祛湿的药理作用十分依赖；在交通改善、物资运输更加畅通的历史进程中，川人吃香喜麻的"瘾"不变，因为"好吃"才是硬道理。或许，其道理

四川汉源县牛市坡千年贡椒产地景致。

就像今日的餐饮市场，不够好的菜品就会被淘汰，能留在市场上的肯定色、香、味俱全，在市场上流传时间久了，还能成为经典。

## 被隐藏的藤椒史

在认识花椒入菜史后，你会发现一个问题，就是众多文献中的"椒"究竟是指红花椒，还是青花椒？

最早对使用的花椒有明确描述颜色的记录是在北宋（公元977—984年）《太平御览·木部七·椒》中："《尔雅》曰：檓，音毁。大椒也……似茱萸而小，赤色。"可知北宋时期的"椒"是指红花椒。

那北宋之前呢？按中华文化在礼制上基本一脉相承，朝代更迭也不敢任意变动的传统，且历来多以"红色"为大吉的象征。另一方面，花椒的独特芳香也常用于比喻美好之事或品德，如《荀子》中："好我芬若椒兰"，独尊红花椒的礼制也促使整个社会形成以红花椒为"正品""上品"的饮食文化。综合以上历史背景因素可知，北宋之前记载的"椒"应是指红花椒。

回头再对照近100年内，四川馆派川菜烹饪传统，直到1980年青花椒开始经济规模种植之前，严格来说，是直到1990年四川江湖菜盛行之前，社会上一定级别以上的酒楼、餐馆、筵席中也都见不到使用青花椒的记载。

至此，应该可以确定，当前文献中提到的"椒"都是指红花椒！当然，文献中也是有例外存在，但古人还是很严谨的，记录时都会明确说明为何不算是"椒"。如明·李时珍的《本草纲目》中除了记载"椒"之外，另有"崖椒""蔓椒""地椒"等，都附带详细的形态、气味说明。又如清·陈昊子所著园艺学专著《花镜》里提到："蔓椒，出上党（地名，今山西东南部）山野，处处亦有之，生林箐间，枝软，覆地延蔓，花作小朵、色紫白，子、叶皆似椒，形小而味微辛……"这段记载说明古人对于和红花椒相似或可能是"花椒"的植物都会详细说明差异。

江湖川菜源自重庆市，由成都餐饮业广为传播与发展。图为成都市江湖菜馆的火爆风情。

**洪州风情** | **洪雅藤椒文化博物馆** |

　　洪雅藤椒文化博物馆成立于2010年，位于四川省洪雅县止戈镇柑子场，临近青衣江，为中国"第一座香辛料博物馆"。

　　洪雅藤椒文化博物馆由林园、展览中心、老榨油房、制作藤椒家庭作坊等构成，通过展示藤椒溯源、栽培、应用，将两千多年源远流长的藤椒文化呈现于游客面前。馆内有保存完整的榨油老作坊及石磨、鸡公车、脚犁等一批民间生产实物，让参观者对藤椒文化及产业发展有完整的认识。

## 藤椒，百姓的调味"椒"品

许多文献记录中，若详看前后文更能发现隐藏在字面背后的重要信息，如《本草纲目》中：崖椒……此即俗名野椒也。不甚香……野人用炒鸡、鸭食。"而《花镜》里则说："（蔓椒）土人取以煮肉食，香美不减花椒"。其中"土人""野人"指的是当地平民或少数民族，用白话来说就是"当地一般平民百姓会用其入菜调味，滋味不输'红花椒'"，间接证明野花椒的食用是普遍存在于民间的。

进一步分析前面的文献记录，会发现古代社会里，红花椒并没有普及到全民，只有一定阶层以上的人才能享用到红花椒，而一般百姓知道花椒的优异性，却只能寻求分布甚广的"崖椒""蔓椒""地椒"等野花椒作为替代品，其中肯定包含现今的藤椒。这些风味突出、个性鲜明的"野味"就成了平民百姓的调味"椒"品。

综合以上的分析发现，藤椒的食用或使用的历史是被藏在各种文献的只言片语中，所以若要问藤椒食用史有多长？答案就是：红花椒的食用史有多长，藤椒的食用史就应该有多长！只因自古以来，平民百姓的饮食生活都不是官方历史记录的重点，想了解每个朝代百姓的真实状态唯有查阅民间记载。另一方面，今日藤椒风味魅力的再次展现，更证明中华饮食的创造力始终来自民间。

同属芸香科花椒属的"两面针"应是文献中记载的"蔓椒"或"地椒"。

洪雅地区规模化种植管理的藤椒基地。

# 洪雅藤椒史

　　四川洪雅县原就有大量野生花椒，最早的具体记录出现在清嘉庆十八年，即公元1813年成书的《洪雅县志》。在植物学上，藤椒与多数青花椒都是同一家族，然而在"风味"这一美味标准下，"藤椒"品种具有更佳而独特的清香麻风味，是天然地理环境、土壤、气候长期塑造、特化而成的，与红花椒、青花椒相比，藤椒气味更鲜明而芬芳，口感更香麻！因而让洪雅人至今仍有藤椒入菜调味的传统。

四川洪雅瓦屋山及雅女湖。

2200 多年前，秦始皇灭了楚国，设置严道县，将楚王之族全部押解到羌人聚居的严道县，即今日洪雅瓦屋山区。正如《洪雅县志》记载："秦灭巴、蜀，置巴郡、蜀郡。"今洪雅之地分别为严道、南安县所辖。

## 藤椒油的诞生关键在于榨油技术的成熟

古代交通的不便，让当时被放逐的楚王一族难以按原本的条件生活，只有融入当地羌人社会以图生存，饮食上一方面带入了较复杂的工艺，另一方面学习运用羌人的调辅料，其中之一就可能是"藤椒替代红花椒"。然而，今日十分普遍的藤椒

经民间收藏家复原保存在四川"洪雅藤椒文化博物馆"的菜籽油榨油坊。

油的诞生及运用历史相对较短，这涉及植物油制取工艺的发展。植物油生产工艺的普及要到明朝后，普通百姓才有相对稳定而充足的食用油可以用，也才有产生制作藤椒油的可能性，并进而形成洪雅地区的藤椒油饮食文化。

据文献记载，汉朝之前的食用油多来自动物油脂，汉代因为"胡麻"，即芝麻的传入才出现使用植物油的记录，不过当时只有一种胡麻油。到西晋时，张华所著的《博物志》有了芝麻油烹调的记载："煎麻油。水气尽无烟，不复沸则还冷。"也就是说西晋之前，芝麻油已经被广泛地应用在食物烹饪中。接着，南北朝的贾思勰所著的《齐民要术》记载："按今世有白胡麻、八棱胡麻，白者油多。"展现出当时已有不同品种的芝麻，且人们也发现不同品种的含油率是有差异的。再到宋朝时才出现菜籽油的记录。榨油技术的普及与成熟则是到明朝才实现，可以从宋应星的《天工开物》中十多种榨油、榨汁液的工艺记载中查到。

## 偏好鲜藤椒香，催生藤椒油

从祖辈传承下来的藤椒油食用传统来看，相信古代洪雅人早就发现新鲜藤椒入菜的鲜香爽麻并不存在于干燥后利于保存的干藤椒，这困扰一直到有了相对充足而经济的油脂后，才在人行的摸索、实践中发现，将新鲜藤椒用熟热菜籽油焖制可留住新鲜藤椒的鲜香爽麻。

通过植物油发展史，再考量古代的工艺提升与传播速度较慢的发展限制，我们可以推测洪雅地区发展出焖制藤椒油用于调味的饮食习惯最早应出现于明朝中期之后，经过数百年的发展，因为食用与种植

传统水力推动的石磨，今日依旧能够使用。

普遍，才在清朝嘉庆十八年（公元1813年）编纂的《洪雅县志》卷四对藤椒有具体记载："椒有花椒、蔓椒二种。"其中"蔓椒"即是今日之藤椒。然而古人惜字如金，并未具体记载食用方式，但通过田野调查与民间的传说交叉分析，大概可推定藤椒油的闷制工艺与使用习惯是成形于18世纪。之后经过长时间优化，才有了今天藤椒油那令人回味的清香麻。

与洪雅藤椒文化博物馆配套的洪雅德元楼是专业厨师的藤椒应用交流基地，更是大众体验藤椒文化及相关风味菜的最佳选择。

## 潮流促成藤椒油普及

最近的 100 年，川渝地区对藤椒油的食用仍只流行于洪雅及其周边地区，因为传统上，不论官方或民间筵宴一直以符合礼制规范的红花椒为正统，但这一界线却意外地在 1990 年代退耕还林的政策推行下间接被打破！

当时实施退耕还林的一个重要指标就是要确保农民在转换过程中仍有经济收入，川渝地区经过多方调研后，选定能取代部分红花椒使用的低海拔青花椒品种，作为退耕还林的优先树种，藤椒作为青花椒的一个品种自然也成为鼓励种植的树种。同时，政府也带头进行青花椒使用和消费市场的推广。一系列的外在环境变化，为传统川菜突破花椒使用界线积蓄了能量。

改革开放后到 1990 年前，川渝地区的主要餐饮市场几乎被提升改良较早的沿海菜系占据，一时间，菜品、形式、思路欠缺新意的传统川菜在川渝餐饮市场中成了非主流、上不了档次的代名词。

在一片低迷中，不走常规路线的四川江湖菜异军突起，整个餐饮市场因此开始扭转，而江湖川菜刚好大量使用藤椒油。大受江湖川菜刺激的传统川菜为了生存与打开市场，开始大量借鉴江湖菜的大胆思路、调味与调料运用，也就促成了川菜的再次崛起。幺麻子藤椒油就是被这波江湖菜大浪给推到浪尖的。

到 1990 年代末，餐饮业中象征正品、上品的红花椒与象征野味、上不了台面的青花椒、藤椒油的界线，在这股潮流中被正式打破了。

创立于 2002 年的幺麻子食品公司搭上这历史机遇，成为第一个成功将藤椒油商品化并推向市场的公司，也成为现代川菜蓬勃发展的重要推动者。经过多年推广与坚守，促使相关风味菜的普及与流行，使得今日川菜体系中拥有大量藤椒风味菜肴，让藤椒的使用跨过历史的"拐点"；行业内更在传统 24 个味型体系之上，初步总结出一个当代味型："藤椒味"，其代表菜品便是"藤椒钵钵鸡"。

### 藤椒故事

19世纪，清代四川学政、诗人、书法家何绍基，某年应洪雅知县伍芸青之邀，游览瓦屋山。然连日劳顿，主仆二人感染风寒，茶饭不思，精神不济。伍知县要家厨做几道开胃菜肴。家厨急中生智，以藤椒炼油，调汁入菜。藤椒油的清香麻爽令何绍基胃口大开，连用三餐，身体也好了一大半。临别时，何学政大人谢绝了伍知县的丰厚馈赠，独收藤椒油一瓶。可见，藤椒油的魅力十足。

# 一粒藤椒走江湖

　　和许多企业一样，幺麻子公司的成功也是经历了漫长的积累，最终才赢来现今的美丽成果。

　　如今追求天然、无污染、无添加的绿色食品已成为一种消费时尚，幺麻子藤椒油不含任何添加剂、防腐剂，正好契合了这一特点。藤椒油口味清爽、香气浓郁，麻味绵长且不喉气，鲜香味比花椒油更突出。这种特色鲜明的调味油入菜生香（椒香），入口微麻，在江湖菜流行的2000年代拓展了调味品市场，也令川菜刮起了一股藤椒风潮，产生川菜的新味型——藤椒味。因此幺麻子公司的发展史可以说是一段川菜江湖史，更是川菜藤椒味的开创史。

早期洪雅高庙古镇一角

## 事厨，源自祖辈的传承

创业之前，我就是一个农村苦孩子，除了各种农活外，也试着做小生意。直到1992年才定下决心，借助家族中厨师传统的传承，在洪雅老家，止戈镇柑子场的家门口开设幺幺饭店，专营家常菜。因菜品烹调到位又经济美味，加上饭店位于去往柳江、高庙必经之路上，因此生意兴隆。

从祖辈传下来的祖谱得知，祖先赵子固在清朝顺治年间（约1644年），从洪雅瓦屋山迁居到止戈镇柑子场。绰号"幺麻子"又兼做乡厨的赵子固发现当地村民多利用藤椒烹制菜肴，在向当地人学得藤椒入菜与焖制藤椒油的方法后，进一步研究并优化了当时的藤椒油焖制技艺，更将优化的心得与技巧反馈给当地人，分享给乡邻朋友，为当今藤椒油色泽金黄透明、清香扑鼻、悠麻爽口的焖制工艺尽过一份力，更成为当时民间日常及宴席必不可少的调料。

1940年代，也是乡厨的爷爷赵良育从小耳濡目染，自然也传承了祖技，算下来是赵子固的第16代子孙。当时，爷爷在农闲之际，带着父亲用藤椒油拌的土鸡片，装在陶钵里上县城沿街叫卖，鸡肉皮脆肉嫩，麻辣鲜香，甜咸适中，受到人们的喜爱，成了人人称道的名小吃，就是创下"吉尼斯世界之最——天下第一钵"的幺麻子钵钵鸡的前身。

## 危机? 转机?

1992年在洪高路边柑子场创办"幺幺饭店"之初，不仅用藤椒油拌鸡肉、烹河鲜，还用来炒素菜，其中具有洪雅特色的藤椒钵钵鸡和相关菜肴最让外地人赞不绝口。还记得当时经常来饭馆吃饭的长途车司机说，这些菜里边的麻香味十分奇怪，与传统麻香感不同，香气很足，闻起来就让人神清气爽。回想起来，在那个成渝餐饮以江湖菜为王的市场背景下，我主打藤椒菜其实就是很江湖。

几年后做出了口碑，很多客人在幺幺饭店用餐后意犹未尽，临走时纷纷要求购买藤椒油。刚开始还能尽量满足客人的要求，然而危机很快浮现！2001年焖制藤椒油的季节刚过几个月，就发现藤椒油已经不够自己的饭馆用到来年。

图为洪雅老家止戈镇柑子场的"幺幺饭店"，之后改名为"幺麻子钵钵鸡酒楼"并迁至洪雅县城，2014年回归止戈镇柑子场，更名为"德元楼"。

出了洪雅地区，基本上都不认识藤椒油，加上人们只熟悉用红花椒炼制的花椒油，不了解藤椒油也就不知道怎么用，更不会主动想到要用。

为了让市场认识藤椒油，我就亲自带着产品去各家饭店、餐馆、酒楼做推广，示范如何运用藤椒油入菜。一开始先是去了洪雅附近的县市，有了些推广经验后才敢去成都，但还是四处碰壁。当时就一个信念，只要厨师了解了藤椒油的特性，就能变化出各式藤椒麻香风味的川味流行菜，藤椒油的销售问题也就迎刃而解。

2002 年草创时的装瓶情景及 2004 年时的炼油车间。

当时第一反应是恐慌！但反过来想，却发现其中有商机——或许藤椒油商品化销售是一门好生意。看到了机会说做就做，2002 年就在幺幺饭店旁边搭建起 100 多平方米的简易藤椒油加工作坊。全国第一个生产藤椒油的"幺麻子有机食品厂"从此诞生。

## 潜心研究，获得专利

万事开头难，小厂初创时期缺专业技术、缺流动资金、缺营销人手。当时资金不足就四处筹钱，甚至退掉买在县城的房子及给家人最后保障的保险作为流动资金。缺乏生产技术，我就踏上了漫长的取经之路，先是去四川农业大学请教专家，又到一些食品加工厂交流学习。

虽说藤椒油很受食客欢迎，但历尽周折让产量上来后又担心卖不出去了！因为

2005 年的"幺麻子有机食品厂"及推广的情景。

开拓市场期间，我在已有工艺的基础上潜心研究、反复试制，使阁制藤椒油的工艺能应付规模化的批量生产，同时保证质量、风味的稳定与完善，终于打开了市场。之后，"幺麻子"牌藤椒油更于 2006 年获得"中华人民共和国发明专利"和"中国绿色食品认证"，成为农业部第一批命名的无公害农产品之一。

## 健康美味，开创市场

随着经济的发展和人民生活水平的提高，人们在饮食上开始追求天然、无污染、无添加的绿色食品，这一趋势也成为当今社会的一种消费时尚。同类产品中唯一通过国家绿色食品认证的幺麻子藤椒油正好契合了这一特点，加上藤椒油的独特香味、麻感，调入藤椒油的菜品在口感和味道上别具特色，闻着就让人口舌生津，食欲大增，食用时更觉爽麻适口。这也是"幺麻子"能够得到广泛认可的主要原因。

2008年将原作坊进行扩建，扩大规模，并变更注册为"四川洪雅县幺麻子食品有限公司"，同时成为各大知名餐饮企

建设藤椒基地的初期就是一个垦荒的概念。

业的供货商。

现在，有"麻中上品"之称的幺麻子藤椒油畅销全国。2017年销售量占国内同类产品市场份额的70%左右。国际市场方面，已出口到美国、加拿大、新加坡、日本等多个国家和地区。

## 持续精进，永续发展

"幺麻子"之所以发展得如此迅猛，就在于对产品质量的严格要求。我深知质量是企业的根本基础。调味品市场竞争异常激烈，如果不在质量上取胜，只追求名不符实的营销扩张，只会像烟花一样，一阵灿烂后，就什么都没有了！

目前，幺麻子拥有高标准现代化的藤椒油生产车间11280平方米，对生产环节严格管控，确保生产出的成品无公害、无污染，安全健康。为满足生产需要，保障产品品质，幺麻子除了在洪雅设立藤椒基地外，也先后在眉山仁寿、乐山井研等地自建大规模基地，另同2000多农户、

**藤椒油的食疗养生价值**

从中医食疗养生角度来说，藤椒具有散寒解毒、散瘀活络、开胃健脾、增进食欲、去湿防寒等功效。以现代营养学来说，富含蛋白质、氨基酸、钙、铁、碘、β-胡萝卜素等多种维生素和营养成分。

10 余家藤椒种植专业合作社签订收购协议，目前供应幺麻子的藤椒种植规模超过11000 亩。

除了产业，在文化保护与推广上，幺麻子创建了"洪雅藤椒文化博物馆"，系统性地展示藤椒的溯源、栽培、应用等。馆内复原保存了椒房、古法榨油坊、老厨房等，另有石磨、鸡公车、脚犁等一批民间生产器具实物，既让游客了解洪雅地方历史，更让消费者对藤椒文化及产业的发展有了正确而深入的认识。

为了实现可持续发展，2011 年成立"眉山藤椒工程技术研究中心"；2012 年，

投资购进鲜榨机设备，完成将传统工艺融入现代化、全机械化生产的华丽转身；2011 ~ 2013 年，与国内外技术领先的科研机构和大专院校共同研发拥有自主创新知识产权，应用业界最先进的鲜榨提取技术建成全自动藤椒油生产线，生产的藤椒产品更鲜香，保留了更多的维生素和微量元素。

2019 年，在原厂区规模上扩展的"藤椒产业园"建成使用，集生产、文化、交流、体验于一身，让广大消费者可以安心、愉快的领略洪雅原生态、原产地、原口味的生态健康食品。

已在建设中的"洪雅国际藤椒产业园"规划图。

现代化的生产环境与标准化、机械化车间。

# 第二篇
# 识藤椒·享滋味

"采摘十粒鲜果，浸出一滴好油！"诉说着藤椒油的珍贵。

现在越来越多的消费者接触到藤椒油的独特清香麻滋味，包括素食者。因为从凉菜到热菜，从烧烤到火锅，藤椒油调味已成为一种时尚。更传播到邻近的日本以及东南亚等国家和地区，更是香麻到欧洲。正应了"美食无国界"的趋势，不同种族、肤色、语言的人们或许对藤椒油清、香、麻滋味的偏好不同，却都深深着迷。

着迷之余，相信更多人对于藤椒这一植物及其风味源头是高度好奇，特别是那独特的味感——麻！

本篇介绍藤椒树的特征及被认定为非物质文化遗产的藤椒油制作工艺——焖制工艺，还有藤椒油的质量标准与特点。

# 故乡味道香天下

藤椒油的滋味是每一个洪雅人的家乡味!

今日人们对健康生活、饮食需求的提高,营养健康的食品消费成为主流,洪雅的家乡味"藤椒油"这类具有功效和美味的调味品开始成为关注的焦点,更是消费的优先选项,现在连汉堡都有藤椒风味的!

在洪雅用藤椒油给菜肴调味可追溯到 300 年以前,当时民间就有了藤椒焖油的技艺。然而受限于当时的环境条件及技术、市场的环境,相当长的时间里,藤椒油只出现在洪雅及周边藤椒产区的餐桌上,对离家远行的洪雅游子是无以取代的家乡味,对更广阔的国内外消费市场来说是"藏在深山人未识"。

## 故乡味道,藤椒清香麻

炼制藤椒油的"焖制"技艺,浓缩了百年来洪雅百姓的智慧,解决了提取保存藤椒中芳香物质的难题,开创了萃取藤椒鲜滋味的先河,至今仍是百姓餐桌上不可多得的调味品。

今日焖制藤椒油工艺通过传承到我这一代已是第 18 代,在 2002 年创办的"幺麻子有机食品厂",让藤椒油产业踏上了现代商业发展之路。2008 年扩大规模重新注册为"四川洪雅县幺麻子食品有限公司",在保留藤椒油传统焖油技法的精髓之余,融入现代科技与油脂加工工艺,确保产品自然、纯正的本真属性。因此,多数洪雅游子回乡就一定要去吃钵钵鸡这一"老字号"名吃,或各种藤椒味佳肴:藤椒旺子、藤椒油菜尖、藤椒毛肚、豆花藤椒蘸水……过过清香麻的藤椒瘾!

各式洪雅特色美食。

各种藤椒风味菜。

洪雅优越的自然环境。

洪雅藤椒文化博物馆，2010年2月9日于四川省洪雅县止戈镇五龙村建成并免费开放之后，藤椒油的清香麻身世也开始广为人知，其中栩栩如生的铜塑，生动形象地再现了清代洪雅人采收藤椒和炼制、食用藤椒油的过程。

洪雅藤椒文化博物馆。

好环境、好工艺是优质藤椒油的根本，洪雅拥有绝佳的天然生态环境，交通便利，中医药学也指出花椒、藤椒具有开胃健脾、增进食欲、散瘀活络、去湿散寒等功效，经常食用藤椒油会有一定的食疗养生的作用，正应了洪雅的形象宣传语"要想身体好，常往洪雅跑"。

今日，藤椒油不只是单纯的地方风味、家乡味，在时代的驱动下，是数以万计的家庭依靠！对幺麻子公司而言是最甜蜜的责任，除了让更多人认识这一独特的洪雅家乡味，还要持续优化藤椒油产业链，形成种植、生产、消费的共利循环：首先是协助农民改善种植技术，提升生活质量；其次持续改善加工技术以确保独特品味、质量稳定并减少浪费，符合当代社会对食品卫生、环保、生态、健康的需求；最后是更强化销售和烹饪知识与饮食文化的结合、推广，积极倡导"厨行天下，爱传万家"，反馈哺育藤椒油产业的餐饮业厨师，也感谢他们在异地为洪雅的游子一解味蕾上的乡愁。

峨眉山天下名山牌坊，正额"天下名山"为郭沫若所题写。

## 藤椒油的名人轶事

洪雅县，古称义州、洪州。这里山川俊秀，人杰地灵，有一传统食俗，就是每年六七月藤椒成熟时，家家户户都要阔制藤椒油，用于做豆花蘸水、拌鸡肉等的调味品，逐步形成了独具特色的洪雅地方饮食文化，是洪雅百姓数百年来生产生活智慧的结晶。

已消逝的洪雅古建筑"奎星楼"。

关于藤椒，国画大师张大千先生也留下了一段佳话。1948 年 8 月，张大千先生到峨眉山写生，下榻接引殿。时任接引殿知客的宽明法师是洪雅人，为了做好接待工作，特意将其父叶绍安请到峨眉山。叶绍安用家乡的藤椒油拌菜，令张大千先生食欲大增，赞不绝口。次年，张大千先生去康巴地区写生，途经四川省第十六行政督察区（现阿坝州一带），受到好友区公署专员兼四川保安副司令王元辉将军的接待，与王将军多次谈及洪雅藤椒美味。2009 年冬，王元辉将军之子、美籍华人宁俊达先生访问洪雅，品尝藤椒钵钵鸡时才道出了这段尘封 60 年的趣闻，为藤椒文化增光添彩。

藤椒油的独特性加上洪雅这一带风景名胜云集，许多名人雅士都品尝过藤椒的清香麻，相关轶事传说也很多，只是限于篇幅，仅能择要呈现。

# 雅自天成识藤椒

　　藤椒主产区集中在四川青衣江流域及瓦屋山一带，尤以洪雅县为主产区，各种山珍野蔬也产量丰富。山多、水丰令洪雅拥有丰富的生态旅游资源，成为四川省"旅游发展重点县"和"假日旅游县"，拥有瓦屋山国家森林公园、省级风景名胜区槽渔滩、柳江古镇、青衣江生态农业观光旅游区等，玉屏山、七里坪的康养休闲基地，加上青衣江流域的青羌民俗，构成了洪雅独具，集森林、山水、古镇、康养、美食文化于一体的生态资源旅游体系。

## 环境天成，养出好藤椒

　　藤椒生长地域狭窄，只生长在四川西南洪雅县及周边几个县中，据四川农业大学研究，洪雅藤椒是藤椒中的珍品，无论从个头、色泽、风味及对人体有益成分的含量均优于其他地区的藤椒，也因此洪雅才能获得"中国藤椒之乡"的名号。

洪雅县位于四川盆地西南边缘，距成都116公里，自然生态绝佳。全县面积1896.49平方公里，素有"七山一水二分田"之称，有植物近4000种，野生动物400余种，其中中草药2000余种，产量丰富且常用的有280余种，是重点中药材生产大县。

藤椒这一品种在植物学上虽然与其他青花椒品种一样属于"竹叶花椒种"，但在洪雅这一动植物品种多元的优良环境中长时间的生长、繁衍、特化后，才能具有独特的清香麻与树形。以水果为例，相同品种种在不同地区就会有不同风味，更何况是因天然环境孕育出的不同品种，风味差异更为明显。

## 认识藤椒

藤椒树是多年生灌木，对土壤的适应性很强，无论山地、丘陵、坝区都适合生长、栽种。传统种植只需进行松土、除草等简单管理就可以收获果实，但藤椒树全株都有硬刺，传统种植管理的难处在于"采摘难"，早期洪雅人自产自用时问题不大，然而今日藤椒油已畅销全国，在借助经验和科技力量的种植管理下，已与传统有较大差异。主要差异体现在规模化种植、修枝管理及准确补充土壤养分等方面，采摘是与传统方式差异最大的，因为根据藤椒树生长习性与规律，目前都采用减枝后找一阴凉处用剪刀剪下藤椒果，不用再站在椒树下被大太阳炙烤或被硬刺刺伤。

藤椒和一般青花椒之间的具体差异如下文及图片所示。

**1.** 藤椒颗粒较大，紧密成坨。一般青花椒果实颗粒略小，稀疏分散。

（左）藤椒。（右）一般青花椒。

**2.** 藤椒的油苞突起明显而晶透，风味物质更多。一般青花椒的油苞、香味不明显。

（左）藤椒。（右）一般青花椒。

**3.** 藤椒树叶子较为修长，一根枝条上多是5、7、9、11叶。一般青花椒较宽短，一根枝条上多是3、5、7、9叶。

（左）藤椒。（右）一般青花椒。

**4.** 藤椒树枝条挂果后朝地，故此得名"藤椒"。其他青花椒的枝条无论挂不挂果都朝天。

（左）藤椒。（右）一般青花椒。

**5.** 藤椒树最佳种植环境的温度较一般青花椒略低，产地多靠近大山或偏北方。一般青花椒的种植地则多在开阔的丘陵环境或偏南方。

（左）藤椒。（右）一般青花椒。

# 藤椒油品鉴

　　藤椒的香气属于黄柠檬皮味型，在以柠檬皮味型为主的青花椒家族中有着绝对的优势。制成藤椒油后可以充分的保留其香气，幺麻子在2002年将藤椒油商品化之后，立刻在川菜界刮起一股藤椒风潮！藤椒油成品色泽亮丽、口味清爽、麻香浓郁，麻味绵长且不哽气，相较于青花椒油，两者同属爽香型的，但藤椒油的香气更丰富醇厚，韵味悠长，青花椒油尾韵有淡淡的苦味，藤椒油基本没有；若与红花椒油比较，则其香气鲜爽、突出，麻感清新。

　　藤椒油风味取得的方法有两种：一是源自传统工艺、普遍使用的热油浸炼的制法，属于物理提取，特点是香气、滋味层次丰富，但提取率低、成本高，幺麻子藤椒油就是此类工艺制成；二是工业提取技术的超临界二氧化碳流体提取法，需极低温与极高的压力。此工艺特点在于藤椒主要风味成分的提取率高、纯度高。再将提取的风味物质勾兑入食用油中成为藤椒油，因此成本低。缺点就是风味较为单调、没有丰富的层次感。

　　藤椒油可用于四季拌菜、火锅、面食、鱼类烹制等的增香提味，调入各式菜肴后藤椒香总能恰如其分地跳出来，激发食欲。

　　谈藤椒油滋味前，先介绍一下洪雅新鲜藤椒的色香味，其颜色浓绿，放两颗在手中搓揉，使油苞破裂溢出精油后，闻其香气，可明显感受到爽神而鲜的黄柠檬味混合草香味与少许木香味。

　　将新鲜藤椒入口咀嚼后，明显的草香味、黄柠檬皮味混合优雅的木香味，带有淡淡的藤腥味，苦涩味低，带有挥发感气味，麻、香感持续时间中上，过程中风味转变较明显，后韵转为新鲜而带青绿柑

德元楼独具特色的吊火锅。

橘皮味混合木香味。麻度中到中上，麻感属于细致型，口腔中可普遍感觉到麻感但仍以唇、舌尖为主。整体麻与香在口中鲜明，至口中完全没有藤椒相关味道的持续时间约20分钟。

　　藤椒油整体色香味会因炼制工艺或基础油的不同，产生色泽、香气、滋味及油脂味感的差异，但是优质藤椒油的色香味质一定具备以下特点。

1. 色泽清透，金黄中带有淡淡的一抹绿，不会影响菜肴成色。

2. 香气具有丰富、醇厚而成熟的黄柠檬皮味，鲜爽中还融合了菜籽油独特的气味。

3. 入口后味感清爽、麻香浓郁，无苦涩味或极低。

4. 麻感细致而绵长，麻度中上，舒爽不哽气，滋味才能独特或刺激，后韵较舒爽。

5. 油体稠度应比色拉油稠，浓而清亮。

6. 油脂口感滋润而滑，不应是薄而腻口的感觉，成菜才爽口。

# 洪雅藤椒油焖制工艺

洪雅地区焖制藤椒油的工艺，看似简单，实际有很高的科技含量。首先是采摘藤椒的时间，要选在清晨藤椒含芳香物质最多的时候。其次是运输途中要保持通风凉爽、避免日晒，减少藤椒芳香物质的挥发。焖制藤椒油的油温过低或过高都会影响藤椒油的质量，故控制热油温度至关重要。油温过低，不能将藤椒中有益人体健康的成分全部提取出来；油温过高则会破坏藤椒中有益人体健康但不耐高温的成分，并使藤椒油变"焦"发黑。藤椒油的储存既不能闭气，又要避免芳香物质的挥发。先进的藤椒油保鲜储存技术，能吃到第二年新藤椒油上市，仍然清香扑鼻、味美如初。

现今的幺麻子藤椒油生产工艺依旧坚守洪雅祖传焖制炼油法的精髓，只是通过现代加工技术与设备来达到大批量生产的目的。因此，幺麻子藤椒油的产量提升都是在技术有所突破的情况下实现的，也才能发展超过15年，从人工小锅焖制到全自动化焖制，其藤椒油的核心特质"色香味"一直没变，始终是色泽金黄，异香扑鼻，清麻爽口，长期保存仍不浑不浊，色、香、味不变的绝佳调味油。

## 动手焖制藤椒油

每一滴藤椒油都要从藤椒品种的繁育、采摘时间的掌握、鲜果的保鲜、载体油脂的选择，萃取时火候的掌握等进行经验与技术的累积。萃取焖制则需经选料、调温、加料、搅拌、翻料、去水、焖油、去渣、过滤、冷却、储存等十余道工序。

这里以复原旧时炼油情景，具体呈现焖制藤椒油的完整程序，让大家一窥"焖制"工艺的全貌，工艺程序中的火力是现代炉灶火力，有兴趣的可自己动手制作。

**原料：** 新鲜藤椒果1000克，优质菜籽油2000克

**工艺程序：**

**1.** 将新鲜藤椒中的杂质、树叶、坏果挑选干净。须注意的是藤椒果从摘下后到焖制藤椒油的时间，不能超过 24 小时，否则会影响藤椒油的质量。

**2.** 锅中倒入菜籽油，以大火烧至七成热，冒青烟后转中火，炼 2 分钟至油熟后关火，静置降温。若是使用熟香菜籽油，则只需将油烧至五成热。

**3.** 将挑选干净的鲜藤椒果放入罐中，待油温降至五成热时，以汤勺舀油均匀淋在藤椒果上，淋完油后，盖紧罐口进行焖制，提取藤椒的清香成分。

**4.** 开中火，将罐中的藤椒及油一起倒入锅中，开中火烧至四成热，适度翻搅后转

小火、盖上盖子，外圈用湿布封紧熬制，提取藤椒的麻味。

**5.** 揭开盖子继续熬制并适度翻搅，当藤椒果都变成灰白或米白后关火。

**6.** 取细密漏勺或筲箕置于瓦罐上，捞入藤椒果及油，油渣分离后，盖紧罐口，静置冷却。

**7.** 将凉冷的油用更细密的漏勺再次过滤后，即可装瓶储存。

# 第三篇 藤椒菜，一点就美味

　　川菜味多味广，所谓百菜百味。然而，这一特点对厨师来说，工作中的沟通就成了问题。起初，味型概念的出现只是为了方便沟通而替常用的风味命名，在长时间的运用和厨界间的交流过程中逐渐定型，再经行业人士的归纳整理后，"味型"这一川菜引以为傲的烹饪系统知识由此诞生。

　　味型要求除了对某一"味型"的风味、滋味明确规范外，也对需要的调料组合做出规范，此外，为烹调出符合规范的风味多半需要使用对应的烹饪工艺，也就是说，每一"味型"都规范了具体的滋味风格、味感表现与烹饪工艺。此篇介绍了藤椒味型的基本规范及相关应用原则，还有基本烹调技巧与各式调辅料的介绍，让您轻松掌握藤椒味型的烹调应用技巧。

# 当代新味型——藤椒味

　　传统上，川菜味型的规范不限定所用调料的用量与调料产地，以及调料的制作原料及工艺，原因是早期调料都来自四川范围内，各地方使用相似的工艺自产自用，滋味虽受环境与人工的影响，但差异性有限。然而有差异就存在用量的多寡，"味型"规范的高明之处就在于用味感表现作为用量的衡量标准，如糖醋味的味感要求是"入口酸香、甜感明显"，实际烹调中，拿到的醋较酸就少用，不够酸就多用，调至符合味感要求即可。

## 藤椒味型的诞生

　　早期，不同菜系间的调料甚少流通，几乎不存在使用同类调料但滋味差异极大的情况，也就没必要要求使用特定产地和工艺的调料。然而现今各类物资流通方便，甚至是在其他菜系地区烹调川菜，同类调料滋味差异极大的状况成了常态，十分容易让菜品风味失去该有的风格，也就是不地道了。所以，现代川菜味型体系必须对调料产地工艺进行规范，这是川菜味型理论适应时代环境的重要工作，因为调料的产地、工艺几乎等同调料风味，也决定了成菜的风味。

　　因此，川菜味型实际上就是风味标准化的具体展现，是具备系统性、逻辑性及标准规范性的知识。也就是说今天川菜在

全国各地传播，味型知识应同步传播，地道四川调料是否被选用，更成为味型能否正确呈现的关键。

　　藤椒味型原属于地方风味，本就存在于洪雅及周边地区，今日流行的原因在于藤椒油自 2002 年的商品化与普及，加上不走常规路线的四川江湖菜的兴起，创新的许多火爆菜品都大量使用藤椒油，间接促使传统上只以红花椒入菜的餐饮市场发生了改变，接受这一早期上不了台面的地方调味品——藤椒油。

　　此后，因为藤椒油的清香麻能适应多数菜品又不用大幅度改变烹饪、调味习惯，使得市场上藤椒风味的菜品越来越多，清香麻风味总让食客们印象深刻，也成为许多餐馆酒楼主打的爆品风味。

　　经过多年推广和普及，大量藤椒风味

菜已成为现代川菜体系不可或缺的风味类型，在传统 24 个味型体系中，自然形成第 25 个味型"藤椒味"，这一当代味型的代表菜品便是"藤椒钵钵鸡"。

## 藤椒味型规范

藤椒味的基本风味是以藤椒油为主要调味料，搭配鸡汤、化鸡油烹调成菜，以色泽淡雅，藤椒味鲜明为特点。

另可搭配干花椒、干青花椒、冰鲜青花椒等辅助调料，再与咸鲜、家常、鲜椒、酸辣、香辣等复合味再次复合，成为新的复合味，可以适应更多烹调方法，更广泛地应用于各式冷热菜，常见的有藤椒鲜辣味、藤椒酸辣味、藤椒红油味、藤椒甜香味、藤椒麻辣味、藤椒香辣味、藤椒烧椒味等。

### 藤椒复合味型

**特点：**在各种复合味的基础上，体现藤椒油的清香麻特点，通常能获得诸如鲜辣鲜麻，咸鲜微麻，味浓爽口，味厚清香，味重适口等多种特点。食用时都应先感觉到藤椒清香，后续才是爽麻、咸鲜、鲜辣或香辣等对应的滋味感觉。

**常用调辅料：**川盐，料酒，胡椒粉，大葱，姜片，蒜片，干青花椒，干红花椒，冰鲜青花椒，鲜青辣椒，鲜红辣椒，鲜青尖椒，鲜红尖椒，泡野山椒，酱油，鲜汤，化鸡油，化猪油。

**基本调味程序：**主料洗净改刀，以适当工艺搭配适当调辅料烹制成熟，调入藤椒油，或锅置火上，下入藤椒油烧热，爆香冰鲜青花椒、鲜辣椒或香辛料后浇淋在主料上即可。

**应用范围：**适用于各种鱼类、仔嫩鸡兔等原料，或是各种炒、爆等菜肴的制作。

**常见菜品：**藤椒肥牛、藤椒片片鱼、藤椒嫩仔兔、藤椒钵钵鱼、藤椒小炒肉、洪州酸菜鱼、藤椒拌土鸡、藤椒爆鳝鱼。

### 藤椒味型

**特点：**清香咸鲜，鲜辣爽口，藤椒味鲜明。

**常用调料：**藤椒油，川盐，鸡高汤，化鸡油，鲜青尖椒，鲜红尖椒。

**基本调味程序：**主料洗净改刀，下入鸡汤煮熟或用化鸡油烹熟，调入川盐、鲜青尖椒、鲜红尖椒和藤椒油即成。

**应用范围：**适用于各种本味清新、质地鲜香脆嫩的荤素食材。

**常见菜品：**藤椒钵钵鸡、藤椒鱼、藤椒拌豇豆、爽口木耳、藤椒雅笋丝、藤椒清汤面。

# 一点，就是藤椒风味菜

藤椒学名为竹叶花椒，是青花椒的一种，但藤椒的果皮、种子、叶子所含化合物的风味成分明显高于其他地方生产的青花椒，做成的藤椒油色泽清澈，颜色黄绿，具有浓郁的藤椒清香，口感微麻。

藤椒油和花椒油是分别将鲜藤椒与鲜红花椒从植物油中浸取出呈香物质和呈味物质的产品，主要麻感和风味成分来自于酰胺类化合物、柠檬烯、香叶醇等。藤椒油与花椒油相比，具有麻得纯正，苦涩味极低，口味清爽，麻香浓郁，麻味绵长，不哽气的特点，让人闻香食欲大开。

**使用藤椒油入菜调味的优点有：**

一是油质色泽清亮，对于拌菜和需要亮油的菜肴可增香增味，不败色；二是味道清香浓郁，只要一点点用量，就能体现出藤椒的独特味感，营造出特色菜品。

因此，藤椒油除了适合制作川味凉拌菜以外，其香气扑鼻、令人食欲大增的风味，让各式炒、烧、爆、蒸、煮等制成的菜肴风味大大提升。这也是藤椒风味菜受到越来越多人喜欢的原因。

## 简单调出藤椒味

藤椒油的基本使用方式十分简单，总结为一句话就是"凉菜拌入，热菜淋入"，加一点就是美味的藤椒风味。也就是说制作凉菜时，随着调味料一起拌入、拌匀即可；热菜则是在临起锅时淋入、拌匀，再盛盘，用热气将藤椒香激发出来。对于一般大众来说，更简单的体验方式就是吃面条、调蘸料时放入少许藤椒油，那独特而扑鼻的爽香滋味绝对令人食欲大振又印象深刻。

这一基本原则适用于所有菜系的菜品，对于不熟悉藤椒油风味的人来说，可以在不改变烹调习惯的前提下，以拌、淋的方式感受藤椒油风味给自己熟悉的滋味带来的改变。换句话说，只要原菜品加了藤椒油后形成不一样风格的好滋味，实际上就等于是"开发"了一道新菜，对餐馆酒楼的总厨们而言是一大福音。

然而藤椒油的使用是很多元的，能创造出更多元的风格与滋味，完全符合川菜"一菜一格、百菜百味"的核心特点。

**藤椒油具体的进阶技巧如下。**

① 使用藤椒油制作凉拌菜时，一般没什么禁忌，只要避免使用过量即可，过量会让其他滋味被掩盖。调制藤椒风味的味碟或凉拌菜，最好现拌现吃，避免香气散失或油脂氧化产生不好的味道。

② 制作炒、爆、蒸、煮类菜肴时，一律在临起锅前或成菜后才淋入藤椒油，确保浓郁清香味被"激发"出来。若是需要深层入味，则是炒、爆、蒸、煮前码料时加入藤椒油。

③ 藤椒油的风味不耐烹煮，烧、煮时间一长，风味就散光了，是所有调味油的共同问题。解决方法是原料腌码入味时就加入少量的藤椒油，一部分待起锅前再调入。

④ 制作藤椒风味火锅时，藤椒油与干花椒之间的互相配合很重要，因为藤椒油的香气、滋味最多只能保持 15 ~ 20 分钟，只能当作火锅的前味，以诱人食欲，之后的时间就要利用干花椒滋味缓释的特点。因此藤椒风味火锅的蘸碟中也需加少许的藤椒油，部分涮烫食材则应以藤椒油码味。

⑤ 藤椒油与多数带酸香味的食材和调料是好搭档，如各式泡菜、醋等。川菜中把泡菜作为主要调味的风味菜，多半要加藤椒油，如酸菜鱼、酸汤肥牛等，能让酸香味变得更鲜明而清爽。

⑥ 不带酸香的藤椒风味菜品也可点一点醋，以不让人吃出醋的酸味为原则，成菜的藤椒香会更有层次。

⑦ 借助现代工具的辅助，采取喷雾或乳化的手法让菜品有藤椒的清香麻风味，成菜不见油却拥有藤椒油的风味，摆盘变化的可能性更多。

⑧ 肉类食材码味时，可加一点藤椒油，不仅可去除膻气，还可以增添风味。可适度取代干花椒粒去腥除异的功能。

# 常用调辅料

## 藤椒油

生产技艺为眉山市非物质文化遗产保护项目，并荣获"中国绿色食品认证"的洪雅幺麻子藤椒油，其鲜明的特点在于清鲜、醇香、爽麻，且油质清爽。此油是行业内唯一一款双专利藤椒油产品，采用洪雅地区新鲜藤椒、浓香型菜籽油进行传统热油焖制工艺，结合藤椒鲜榨浸取专利工艺，可以更好地保留藤椒的营养成分，同时突出藤椒油清香麻的香浓滋味！

## 清汤藤椒酱

此酱料椒麻酸爽微辣，口感醇厚，汤汁美味爽口，采用洪雅生态藤椒，加入泡生姜、泡萝卜、泡大头菜、泡豇豆、泡酸菜、芽菜、生姜、泡辣椒、泡小米辣椒、藤椒油、蒜、胡椒粉、生姜等十余种四川泡菜、调料及浓香型菜籽油、猪油、鸡油按黄金比例搭配，运用小煎小炒工艺烹制而成。此外，该酱料汇集火锅和汤锅的优势，并规避其缺点，如酱料油少料多，且不油腻，解决了火锅油厚油重、浪费大、餐厨废料难收拾、汤锅内多煮点原料味道就变清淡的缺陷，并且还能够喝汤，是一款多用途酱料，另可用煮鱼、炒菜、烧菜、蘸料等随意搭配。

## 藤椒橄榄油

采用特级初榨橄榄油与藤椒鲜果制作而成的藤椒橄榄油，具有独特的橄榄果香味，口感滋润，清香麻中有着异国韵味，更适合用于西餐调味，也可直接用于中餐的各式拌、烧、蒸、炒、火锅、面食等菜肴中。

## 清汤木香酱

此酱料采用洪雅生态木姜子，调入泡生姜、泡萝卜、腌大头菜、泡豇豆、泡酸菜、芽菜、生姜、泡辣椒、泡小米辣椒、味精、鸡精、藤椒油、胡椒粉、鸡肉汁等十余种调辅料，加上浓香型菜籽油、猪油、鸡油，按黄金比例搭配，采用小煎小炒工艺，炒制程序规范且讲究，不但各种调辅料的搭配比例要掌握好，且下锅的先后顺序也要合理，还有控制好炒制的温度、时间、火力，才能最大程度地体现出各种原料的风味特色。清汤木香酱木香鲜明，清香爽口微辣，滋味醇厚，汤汁爽口美味，同样是多用途酱料，加水就能当火锅，更适用于煮鱼、炒菜、烧菜、蘸料等。一包料加上约 1200 克清水煮开，就是美味火锅，烫煮任何食材都好吃，关键是汤汁特别鲜美好喝。

## 红汤藤椒酱

红汤藤椒酱的制作采用传统和现代相结合的单独小炒加混合的炒制方式，选取泡生姜、泡萝卜、泡大头菜、泡豇豆、泡酸菜、芽菜、生姜、泡辣椒、泡小米辣椒、蒜、胡椒粉、食盐、生姜等纯天然原料。其中泡菜、腌菜类食材的制作要经过长达半年以上的泡、腌过程，生产时分类单锅炒制，混合调味烹炒成酱。油少料多，椒香麻辣，醇厚爽口，汤汁美味，属多用途酱料，加水就能当火锅，更适用于煮鱼、炒菜、烧菜、蘸料等，可按需求随意搭配。

## 红汤木香酱

红汤木香酱木香味鲜明，浓郁麻辣，滋味醇厚，其制作工艺采用经典川菜工艺单锅小炒加现代混合炒制方式，将郫县豆瓣、泡萝卜、腌大头菜、泡豇豆、泡酸菜、芽菜、生姜、泡辣椒、泡小米辣椒、辣椒、牛油、黄酒、白糖、藤椒油、蒜、鸡肉汁、胡椒粉、食盐、花椒等数十种调辅料做最佳的融合。其中酱料所用的鸡肉汁是熬制鸡肉后去掉鸡肉所得的精华肉汁。同样是多用途酱料，加水就能当火锅，更适用于煮鱼、炒菜、烧菜、蘸料等。

### 熟香菜籽油

菜籽油俗称菜油，又叫清油，是川菜最主要的烹调用油，许多菜品的风味包含了菜籽油的风味，因此有些菜品做不出地道四川风味的原因就是没有用菜籽油（这里指熟香型或浓香型菜籽油，去色去味的菜籽油与色拉油一样没有风味）。所以说菜籽油在川菜中的重要性就像是特级橄榄油之于西餐。

熟香菜籽油采用浓香型非转基因纯压榨菜籽油，以低温熟化技术去除生菜籽油所含的苷类生味成分，能够更好地保留菜籽油中的营养成分不易流失，口味更加醇正。传统方法是利用高温炼菜籽油，将油中的生味成分破坏后再使用，这步骤称为"炼熟"，也是菜籽油分生熟的主要原因。熟香菜籽油就是重点去除危险系数最高的炼油步骤，同时提高烹调效率与风味。

### 花椒油

选用优质鲜红花椒、非转基因菜籽油为原料，使用物理压榨提取技术配合冷萃法调配精制而成，有效地保持了花椒特有的麻香气和麻香味，麻香四溢，麻感绵长。

### 雅笋

市场上常见的是干货，需要长时间涨发后才能烹煮，本书选用通过有机认证、事先涨发好的幺麻子清水雅笋。选用瓦屋山高山清净之地所产野生竹笋，经过无硫烟熏工艺干燥加工成雅笋干，再采用改良的涨发工艺及保存技术处理，具有无二氧化硫残留，笋香烟香浓郁，口感脆爽，免煮免泡，开袋即可直接烹煮等优点，省去干笋最麻烦的洗、煮、发、泡的涨发程序。

### 木姜油

木姜子又名山胡椒、山苍子，生长于我国长江以南各省区直至西藏。每年7～8月成熟，人工采集鲜果后，以菜籽油浸取新鲜木姜子而成的一种调味油，具有浓郁的辛香气味，类似柠檬加香茅的浓缩香味，而且还有很好的增香压腥的作用。木姜油本身味道浓厚，使用时避免过量，宜少不宜多。

## 川盐

　　川盐指的是四川盐井汲出的盐卤所煮制的"盐"，在烹调料理上有着定味、解腻、提鲜、去腥的效果，主要成分除氯化钠外，还有多种微量元素，如 $Ca(HCO_3)_2$-$CaCO_3$、$CaCl_2$、$Na_2CO_3$、$NaNO_3$-$NaNO_2$ 等，使得川盐拥有咸味醇和、回味微甘的独特风味，在滋味厚重的菜品中的效果最为突出，是烹调正宗川菜必用调味品之一。

四川自贡市燊海井开钻于清道光 15 年（公元 1835 年），历时 13 年才凿成，是全世界第一口超过千米深的井，深 1001.42 米，产卤水和天然气，至今仍持续生产"川盐"。图为汲卤水及煮盐的情景。

## 郫县豆瓣

　　郫县是四川成都平原西北面的一个县城，盛产川菜中使用最广的调味料：豆瓣酱，也是质量最好的豆瓣酱。采用发酵后的干胡豆瓣和鲜红的二荆条辣椒剁细制成的酱，再经晾晒、发酵而成。成品红褐色、油润有光泽，具有独特的酱酯香和辣香，味鲜辣，瓣粒酥脆化渣，黏稠适度，回味较长。

## 醋

　　川菜主要使用的醋是以麦麸酿成的麸醋，这类的醋以阆中保宁醋最著名。现代川菜也用山西老陈醋、浙江香醋。

## 冰鲜青花椒

　　冰鲜青花椒除本味外，另有花香感的青柠檬皮味或熟成的黄柠檬皮味。为适应冰冻保鲜，采用成熟度较低的青花椒果，因此其色泽碧绿、麻度轻，麻感舒适，鲜香味丰富突出。

雅笋选用 2000 米以上的高山竹笋制作。图为高山竹林，冬季时一片雪白。

## 青花椒

常见的青花椒属于柠檬皮味型，青花椒本味鲜明而浓，具有明显花香感的青柠檬皮味或成熟的黄柠檬皮味，颜色为浓郁的深绿色，麻度中等到中上。四川、重庆的低海拔丘陵地区都有种植。

## 红花椒

常用品种为南路椒，风味特点属于柑橘皮味型，其芳香味是在花椒本味中带有明显的柑橘皮香味与凉香感。颜色属于浓而亮的红褐色，麻度中上到强，麻感相对细致。著名的汉源贡椒即属南路椒。

## 高汤

**原料：** 猪大骨（猪筒骨）5000 克，老母鸡 1 只（净重约 1200 克），老鸭 1 只（净重约 1200 克），猪蹄 1500 克，鸡爪 750 克，金华火腿 350 克，老姜 250 克，葱 250 克，清水 35 千克

**做法：** 猪大骨、老母鸡、老鸭、猪蹄、鸡爪洗净，下入沸水锅中汆过后再洗净，沥水放入大汤桶，再放入金华火腿、老姜、葱。加清水，大火烧沸熬 2 小时，期间产生的杂质需捞干净。接着转中小火保持微沸熬 2 ~ 3 小时，滤除料渣即成高汤。

## 清汤

**原料：** 高汤 5000 克，猪里脊肉蓉 1000 克，鸡脯肉蓉 2000 克，清水 3000 克，川盐 8 克

**做法：** 取熬好的高汤，以小火保持微沸，用猪里脊肉蓉加清水 1000 克、川盐 3 克稀释、搅匀后冲入汤中，以汤勺搅拌约 5 分钟后，捞出已凝结的猪肉蓉饼备用。再用 2000 克鸡脯肉蓉加清水 2000 克、川盐 5 克稀释、搅匀成浆状冲入汤中，以汤勺搅拌约 10 分钟后，捞出已凝结的鸡肉蓉饼。接着用纱布将鸡肉蓉饼和猪肉蓉饼包在一起，绑住封口，放入汤中，以小火保持微沸继续吊汤。当原本乳白的高汤清澈见底时即成清汤。

## 鲜汤

鲜汤即清煮猪肉、鸡等留下的汤，属于烹饪过程中的副产品，是最便于取得的提味汤汁，若手边没有鲜汤，就用清水。

## 红油

**原料：** 辣椒面500克，熟香菜籽油2500克，熟芝麻150克

**做法：** 取一汤桶，下入辣椒面。另取一锅，下入菜籽油，大火烧到170℃，转小火，用勺子把热油淋在汤桶中的辣椒面上。边淋边搅动，最后放入芝麻，静置24小时后即可使用。

## 自制剁椒

**原料：** 小米辣椒碎500克（希望辣度较低的可换成二荆条辣椒），老姜末100克，泡红辣椒碎250克，食盐100克，味精25克，菜籽油300克

**做法：** 锅中下入菜籽油，开中大火烧至四成热，转中火，下入小米辣椒碎250克、老姜末、泡红辣椒碎炒香。起锅后加入小米辣椒碎250克、食盐、味精拌匀，装瓶密封放入冰箱冷藏，轻度发酵15天，即可使用。

## 青尖椒籽油

**原料：** 青尖椒500克，熟香菜籽油500克

**做法：** 青尖椒切碎，锅中下入菜籽油，开中大火烧至四成热。下入青尖椒碎，转中小火熬至青尖椒软烂变色，捞掉料渣即可使用。

## 鲜椒豉油

**原料：** 青二荆条辣椒500克，蒸鱼豉油400克，鲜汤250克

**做法：** 青二荆条辣椒切成段，下入锅中，加入蒸鱼豉油、鲜汤，开中火烧开后转小火熬约20分钟，去掉料渣即可使用。

## 豆瓣红油

**原料：** 熟香菜籽油2500克，辣椒面500克，豆瓣酱250克

**做法：** 豆瓣酱切细，锅中下入菜籽油，开中大火烧至三成热，转小火，下入切细的豆瓣酱煸炒至出香，待油温升到四成热时，下入辣椒面拌炒至出香出色即成。按需要取油使用或油料一起用。

## 岩盐卤水

**原料：** 岩盐（高纯度石灰石）250克，清水750克

**做法：** 岩盐置于火上，烧至泛白变脆。清水煮沸。将烧白的岩盐置于汤钵中，倒入沸腾的开水，压成细碎状后完全搅散、搅匀，接着静置到澄清，上层澄清的部分就是岩盐卤水。无法取得岩盐的地方，可购买食用级生石灰调制，不需要烧的步骤。

## 澄清石膏水

**原料：** 食用级石膏粉200克，清水1700克

**做法：** 取一汤钵，放入食用级石膏粉，加入1000克清水并完全搅散，接着静置到澄清，上层澄清的部分就是澄清石膏水。当澄清石灰水快用完时，再加入清水700克搅散，静置到澄清，就能再获得澄清的石膏水。可重复制取5～8次。

第四篇

洪雅家传

老味道

# OLD TASTES

　　洪雅山地多于平地，可用"七山一水二分田"来概括，有最著名的世界第二大平顶山"瓦屋山"。饮食方面的菜品构成有两大类别，一是家常菜，一是宴客菜。

　　传统宴客菜多体现在农村宴席，即坝坝宴、九大碗，主要由当地乡厨操办，其特色主要在于用料实在，时令鲜明。家常菜则保留了许多具有文化传承意义的菜品，因全县森林覆盖率高达70%以上，为重点林场之一，竹林也密布县内丘陵低山处，使得山野菜、菇菌、竹笋等食材极为丰富，随着季节轮番上桌，是最能从形式或滋味上感受洪雅独特民风民情的风味菜。

OLD TASTES **001**

# 甜烧白

**特点 /** 色泽棕红，丰腴形美，鲜香甜糯，肥而不腻
**味型 /** 甜香味　　**烹调技法 /** 蒸

　　甜烧白又称夹沙肉，也是洪雅传统田席"九大碗"的甜菜。其主要原料是带皮鲜保肋肉，即猪中间部分，具有皮薄、肥瘦相连的特点；辅料主要为糯米和自制豆沙。将豆沙夹入保肋肉片中，蒸至酥软，吃起来鲜香甜糯，肥而不腻，深受老百姓喜爱。

**原料：**

带皮保肋肉 250 克，糯米 100 克，化猪油 50 克，红豆沙 35 克

**调味料：**

白糖 50 克，红糖 100 克，糖色 5 克

**做法：**

❶ 将保肋肉刮洗干净，用清水煮至断生后捞出，抹去皮上的油水，趁热抹上一层红糖，约 50 克，晾凉。

❷ 糯米淘洗干净后上笼蒸成糯米饭，拌入糖色、红糖 50 克和化猪油 50 克。

❸ 把凉熟保肋肉切成 8 厘米长、5 厘米宽、0.5 厘米厚的夹层片。

❹ 在每片保肋肉中间夹上 1 份豆沙，4 片一组依次摆入大斗碗。

❺ 接着填入糯米饭，大火蒸约 2 小时至软糯。

❻ 吃时翻扣入盘，撒上白糖即可。

**美味秘诀：**

❶ 蒸制甜烧白的容器要选用开口大而浅的大斗碗，方便扣在盘中。

❷ 成菜是否美观的关键在将肉与糯米饭镶入碗中的程序上，肉要镶整齐，糯米饭的松紧要适度。

❸ 豆沙一般是将红豆煮至熟软以后去皮取沙，和猪油、红糖一起炒制而成，也可用其他杂豆制作，还可直接购买市售的豆沙馅、洗沙馅。

❹ 夹层片刀工是第一刀切到皮上，不切断，第二刀才切断，使其能夹入豆沙馅。

**洪州风情｜九大碗｜**

　　洪雅地区的传统农村九大碗，菜色或许不精致，碗盘桌椅或许朴素，但久盼一次的丰盛及浓浓的人情味最令人怀念。

OLD TASTES **002**

# 香碗

**特点 /** 色泽亮丽，鲜香味浓，酥嫩爽口

**味型 /** 咸鲜味　　**烹调技法 /** 蒸

**原料：**

去皮五花肉250克，鸡蛋3个，芋头100克，雅笋50克，木耳50克，黄花菜50克，小香葱30克，老姜10克，红薯淀粉60克，莲花白叶2张

**调味料：**

川盐5克，味精3克，白糖2克，料酒5克，高汤500克

**做法：**

❶将五花肉剁细成肉蓉，放入盆中。小香葱叶切成葱花、葱白切细成末，老姜剁成末，备用。

　　"香碗"原名应为"镶碗"，以工艺为名，成菜鲜香味醇所以美名"香碗"，历来都是四川、重庆等地民间田席九大碗和年夜饭的重头戏，将食材切片后依次镶铺在斗碗中再填入各式辅料，传统上多是"杂菜"，蒸透后扣至盘中成菜，通过镶铺顺序与技巧可得到浑圆而多彩的造型。洪雅百姓人家的"香碗"一定会用到"蛋裹圆"，将猪肉蓉调味后以蒸熟蛋皮裹成直径5～10厘米的长圆条蒸透而成。制作香碗时再切成片状镶入碗底。

❷芋头切块后焯水，木耳和黄花菜分别泡发洗净。

❸莲花白叶入滚水中烫软，放凉备用。高汤加入川盐 3 克搅匀成咸味高汤，备用。

❹将鸡蛋磕入碗中，再将蛋清、蛋黄分离，蛋黄搅匀后，倒入烧至三成热的锅中，摊成蛋皮。

❺往肉蓉中加入川盐 2 克、味精、白糖、料酒、红薯淀粉、鸡蛋清、葱白末和姜末调匀，搅打上劲。

❻在蒸屉内铺好熟软莲花白叶，铺上蛋皮，倒入调好味的肉馅，用手整成长圆形，然后用莲花白叶及蛋皮将肉馅裹起来，上蒸笼，用大火蒸约30分钟至熟透，即成蛋裹圆。

❼取蛋裹圆切成片，镶在斗碗底部，再依次填入芋头块、雅笋、黄花菜和木耳，灌入咸味高汤。

❽上蒸笼用大火蒸约40分钟，出笼后扣在汤盘中，撒上葱花即可。

**美味秘诀：**

❶肉蓉要搅打上劲，使其起胶，蛋裹圆成品才不会一切片就碎断不成形，也能保证口感。

❷最后填入碗中的杂菜辅料，可灵活变化，荤素不拘，鲜美味佳的都行。

**雅自天成▲** 开阔的藤椒基地才能确保每棵椒树都有充分的日照，以转化出浓厚的清香麻的滋味。

OLD TASTES **003**

# 糖醋脆皮鱼

**特点 /** 色彩美观，皮酥脆肉细嫩，鲜香醇厚，甜酸味美

**味型 /** 糖醋味　　**烹调技法 /** 炸

**原料：**

鲜鲤鱼 1 尾（约 750 克），泡红辣椒丝 10 克，葱丝 15 克，姜米 10 克，蒜米 20 克

**调味料：**

川盐 8 克，味精 1 克，淀粉 150 克，鸡蛋 2 个，醋 50 克，白糖 75 克，芝麻油 8 克，料酒 10 克，水淀粉 150 克，清水 150 克，菜籽油适量（约 2500 克）

**做法：**

❶鲤鱼宰杀治净，先在鱼下巴砍一道口，接着在鱼身两面先直刀剞近鱼骨，再转平刀往鱼头切 4～5 厘米，成为连在鱼身上的片，5～6 刀。

❷用川盐 4 克和料酒抹在鱼身上，码味 10 分钟。取宽深盘放入淀粉，磕入鸡蛋，搅匀成全蛋糊。

❸炒锅置旺火上，放菜籽油烧热。同时将码好味的鱼擦干，手提鱼尾，下入脆浆中以拖拉的方式使全蛋糊均匀裹在鱼的每个角落。

❹油温达到六成热时，手提鱼尾于油锅上，用炒勺舀热油淋在鱼身上，直至定型。

全鱼菜肴都属于传统上的大菜，多是逢年过节或是宴客时才能吃到，因此在工艺或食材选择上较讲究。滋味选择上，糖醋味是最受欢迎的，甜酸味浓而分明，回味咸鲜，给人较大的满足感。现今因番茄的普遍，许多人分不清茄汁味和糖醋味，因都是甜酸味道，且都是调制鱼肴的上选。其主要差异在茄汁味用番茄汁调出甜酸味，吃的是果酸香，成菜较红亮，糖醋味用醋调甜酸味，吃的是醋酸香，成菜偏棕红。

⑤转中小火，将定型的鱼慢慢放入油锅中，炸至色泽金黄、皮酥肉嫩时捞出，立刻放于鱼盘内。

⑥用川盐、白糖、水淀粉和清水兑成调味汁。

⑦炒锅置旺火上，放菜籽油30克烧至五成热，转中火下姜米和蒜米炒香，烹入调味汁推匀，待汁收浓起"鱼眼泡"时，放入醋和芝麻油，起锅浇在鱼身上，再撒上泡红辣椒丝和葱丝即成。

**美味秘诀：**

❶掌握鱼的剞刀方法，做到两面对称一致，刀距相等。

❷全蛋糊宜干不宜稀，以能挂在鱼身上为度。

❸炸鱼时需掌握好油的温度，油温太低不易上色，过高容易外焦而内不熟。

❹炸制时可在定型后，沥油静置5～8分钟后，下油锅复炸一次，口感更加酥脆。

❺糖醋用量要足，味才有醇厚感。汁的浓稠要适度，宜薄不宜厚。

**洪州风情 | 五月台会 |**

四川洪雅县的"五月台会"源自止戈镇五龙祠的庙会活动，原名"抬会"，由人抬着，现多是车载，故更名"台会"，为早期农历五月城隍庙会的一部分，现已成为独立的民俗活动。民众通过抬着忠孝节义或降魔伏妖故事为主题的造型花台跟随神明出巡的方式，纠正社会风气。2007年，洪雅台会被列为四川省第二批省级非物质文化遗产名录，同年，洪雅县也被文化部确认为"中国民间台会艺术之乡"。本页的图即为早期至今日的五月台会变化。

OLD TASTES **004**

# 乡村坨坨肉

**特点** / 色泽红亮，肥而不腻，软糯适口

**味型** / 咸鲜味　　**烹调技法** / 烧

"坨坨肉"是坝坝宴常见的菜品，四川话中将"大块"的意思用叠字"坨坨"表示，表达肉块大，主人盛情难挡的姿态。洪雅的乡村坨坨肉在常见的川菜做法基础上，采用白烧的工艺并加强烧制前的油炸工序，去除了肉中的部分油脂，这避开了白味烧肉容易腻的问题，且以海带作为辅料，一来吸去部分油脂，二来增添内地少有的"海味"，实际口感反而十分爽口，也不必担心因为发腻而不被接受。

**原料：**

带皮五花肉 500 克，涨发海带 200 克，八角 3 枚，老姜片 15 克，大葱段 20 克，芽菜 20 克

**调味料：**

川盐 5 克，味精 5 克，红糖 20 克，清水 30 克，鲜汤 1200 克，菜籽油适量（约 1500 克）

**做法：**

❶取一净锅，下入红糖、清水，以中小火炒成糖色。芽菜治净后切成 2 厘米长的小段。涨发海带切成长片状。

❷五花肉治净，放入清水中煮熟捞起，切成 3 厘米见方的坨坨状，趁热抹上糖色。

❸在净锅中下入约 1500 克菜籽油，中火烧至六成热后，将抹好糖色的五花肉下入油锅中，炸至表皮皱起并呈金黄色，起锅沥油。

❹锅内掺鲜汤调入川盐，下八角、老姜片、芽菜段、大葱段和坨坨肉，大火烧开后转小火烧约 45 分钟时下入海带。

❺续烧 15 ~ 20 分钟至烂软，调入味精即可。

**美味秘诀：**

❶煮五花肉时可放一块猪大骨一起煮，等到肉煮熟捞起后，猪大骨继续熬制，成为后面烧肉的鲜汤。

❷选用整根的芽菜比碎米芽菜效果更好。

❸五花肉下油锅炸，主要是定色，同时去除部分油脂。

**洪州风情 | 永续农业 |**

传统农业技术虽依赖人力、畜力，但祖辈们却能更聪明的利用农家堆肥及自然的相生相克原理管理农作，少了农药化肥，反而是最符合"永续农业"的耕作方式。

OLD TASTES **005**

# 姜汁肘子

**特点** / 色泽棕黄，姜香味浓，炡糯适口，肥而不腻

**味型** / 姜汁味　　**烹调技法** / 炖

**原料：**

猪肘子1只（约重900克），老姜45克，大蒜30克，青葱20克，小香葱30克

**调味料：**

郫县豆瓣50克，海椒面15克，泡海椒50克，川盐2克，白糖15克，香醋15克，酱油15克，色拉油150克，水淀粉15克，鲜汤200克

**做法：**

❶肘子刮洗干净，先焯水治净，然后放入加有10克老姜片、青葱的水锅内炖约2小时至软烂。

❷取老姜35克切末，大蒜切成蒜末，郫县豆瓣剁细，泡海椒剁细，小香葱切成葱花，均备用。

❸锅内放色拉油烧热，下姜末、蒜末、郫县豆瓣、海椒面、泡海椒末等炒香出色后加入鲜汤，然后调入川盐、白糖和酱油，调入水淀粉勾薄芡后加入醋，起锅淋在肘子上，最后撒葱花即成。

姜汁味是川菜中极具特点的味型，重用老姜所获得的滋味辛香微甜，能在一定程度上抑制腻口的味感，在农村坝坝宴中多用于形状完整的肘子菜，在炖至软烂的肘子上挂姜汁味浇料，吃时姜香味鲜明、开胃爽口，肘子肥而不腻。在过去，除了体现主人的盛情外，更是让亲朋好友解油荤瘾的重头菜。

**美味秘诀：**

❶炖肘子时，汤烧开后先转为小火炖半小时，然后关火、盖紧盖子闷 1～2 小时，吃前再用小火炖 1 小时。如此不仅能使肘子酥烂可口，而且也能保持形状完整。

❷郫县豆瓣和泡海椒都需要剁细，否则成品口感不佳。

**洪州风情 | 汉王乡 |**

　　洪雅最古老的乡镇——汉王乡，位于洪雅县城西偏北的总岗山中，历史上曾名为"邛邮"，是西汉时临邛至严道间的邮驿。话说汉高祖刘邦惯宠其第七子淮南王刘长，刘长目无法纪，到汉文帝时只好将其贬送"邛邮"。途中不堪凌辱，拒绝进食而死，严道县地方官府遵照朝廷礼制，把为刘长在"邛邮"修建的行宫改为春秋祭祀的祠庙——"汉王祠"。此地因祠庙而闻名，不久"汉王"就取代了"邛邮"，距今已有 2180 多年。"汉王祠"虽经唐、宋、明、清各代重建，现也已片瓦无存，但"汉王"地名却一直沿用至今。图为汉王湖（总冈山水库）与迁移后的汉王场。

OLD TASTES **006**

# 农家香肠

**特点** / 麻辣醇香，色泽红亮，腊香浓郁
**味型** / 麻辣味　**烹调技法** / 灌、煮

香肠是一种用非常古老的食物生产和肉食保存技术制作的食物，东西方都可见其踪影，都是将动物的肉切成小条或小片，调好味后灌入肠衣，经煮、熏或风干后而制成的长圆柱状食品。各菜系地区都有独具特色的香肠类型，川菜地区较普遍的有五香味香肠、香辣味香肠及麻辣味香肠。

洪雅人家每到过年都要杀年猪并自制各种香肠，借助冬季的干冷，让香肠可以快速风干，以便保存得更久。这样的食俗也普遍存在于其他的很多地区。现今的洪雅农家香肠最大的特点就是选用农家生态猪的猪肉制作，成品肉味香浓而滋润。

**原料**：去皮五花肉 500 克，猪肠衣 50 克

**调味料**：川盐 10 克，味精 10 克，胡椒面 1 克，花椒面 5 克，辣椒面 20 克，冰糖粉 10 克

**做法：**

❶将去皮五花肉切成小薄片，放入盆中；猪肠衣刮洗干净并晾干水分。❷往切好的五花肉片中加入川盐、味精、胡椒面、花椒面、辣椒面、冰糖粉等码拌均匀，静置腌 30 分钟。❸把腌制好的五花肉灌入肠衣中，每 15 厘米左右扭一个节。❹全部灌好后，晾在阴凉通风处，风干约半个月。❺将风干好的香肠洗干净，放入水锅内用大火煮熟，转中小火再煮 10 分钟捞起，等晾凉后切成薄片即可。

**美味秘诀：**

❶在灌入的过程中可以用牙签在肠衣上刺些小孔，避免空气堵在里头，更便于灌制且香肠不易因夹杂其中的空气而膨胀。❷控制煮制香肠时间的目的在于控制口感与盐味。川式香肠为更好地保存，通常盐味偏重，必须通过煮的时间释放部分盐味。❸煮好的香肠晾凉后再切更便于成形。❹香肠也可用蒸制的方法成熟，香气、滋味更浓，咸度也较高。

**洪州风情 ｜ 知客师文化 ｜**

知客师文化是洪雅地区的传统民俗现象，知客师作为乡镇上各家婚丧嫁娶的总负责人，相当于现在饭馆酒楼负责安排、接待客人的大堂经理。民间知客师靠口传耳记，以语言风趣诙谐善表达、能说会道善表演为特点，且招呼应酬等方方面面都考虑周全，往往能给主人带来喜庆，给客人带来欢笑，增添热闹和吉祥的氛围。

## OLD TASTES 007
# 酢粉子

**特点** / 香甜软糯，色泽红亮，口齿留香，营养丰富

**味型** / 香甜味　　**烹调技法** / 蒸

**原料**：干糯米 200 克，红薯 50 克

**调味料**：红糖 10 克，白糖 30 克，猪油 10 克，五香粉 3 克，清水 100 克

### 做法：

❶取一干的净锅上小火，下入干糯米慢炒约 45 分钟至微黄并出香气。❷炒香的糯米晾凉后，拌入五香粉，用磨粉机磨成粉，即成五香糯米粉。❸将红薯去皮，洗干净后切成小块放在盘底。❹另取一净锅，开中火，加入清水、猪油、红糖和白糖 20 克煮沸后转中小火熬化。❺把熬好的混合油糖水和五香糯米粉和匀后盖在盘中红薯上，用大火蒸 2 小时。❻把蒸好的红薯和糯米粉一起倒入盆中，趁热用锅铲或汤勺压细后和匀，重新放在碗中，蒸 30 分钟，扣入盘中，撒上白糖 10 克即可。

### 美味秘诀：

❶批量制作时可直接把红薯单独蒸熟后制成红薯泥，与混合油糖水一起调入糯米粉中揉匀后再蒸透。

❷熬煮混合油糖水时要掌握好火候，熬出糖香，但不能烧焦。

❸五香糯米粉可一次性大量制作，需要多少取多少。

酢粉子是洪雅地区田席九大碗必备的一道甜香蒸菜，因其甜香浓郁，口感软糯，深受人们的喜爱，且在早期物资不充裕的时代，一道猪油香浓郁的酢粉子可顶一道荤菜，实惠又有面子。红薯含有丰富的淀粉、维生素、纤维素等人体必需的营养成分，还含有丰富的镁、磷、钙等矿物元素和亚油酸等。这些物质能保持血管弹性，对防治老年习惯性便秘十分有效。遗憾的是，人们大都以为吃红薯会使人发胖而不敢食用。其实恰恰相反，红薯是一种理想的减肥食品，热量只有大米的 1/3，而且因其富含纤维素和果胶而具有阻止糖分转化为脂肪的特殊功能。

**雅自天成**▲ 四川洪雅高庙古镇风情。

OLD TASTES **008**

# 红烧瓦块鱼

**特点 /** 色泽红亮，形似瓦块，家常味浓郁

**味型 /** 家常味　**烹调技法 /** 烧

**原料：**

鲤鱼 1 条（约 1500 克），小香葱花 50 克，韭菜花 50 克，藿香叶碎 50 克，蒜苗花 50 克，姜末 10 克，蒜米 25 克

**调味料：**

川盐 5 克，味精 5 克，料酒 15 克，郫县豆瓣 30 克，辣椒面 10 克，白糖 5 克，胡椒面 1 克，豌豆粉 100 克，菜籽油 50 克，水淀粉 30 克，鲜汤 150 克，色拉油适量（约 1500 克）

**做法：**

❶鲤鱼宰杀治净后对剖再斩成大块，用川盐 2 克和料酒、胡椒面等腌制 5 分钟。

❷净锅中下入色拉油，大火烧至五成热后转中火。

❸豌豆粉放入盘中，取腌好的鱼肉蘸裹均匀，下入油锅中炸至熟透、上色。

❹净锅内放菜籽油，中火加热至五成热，下郫县豆瓣、蒜米、姜末、辣椒面等炒香出色。

❺掺入鲜汤，放入炸好的鱼肉，调入川盐、味精、白糖推匀煮开，再转小火慢烧。

红烧瓦块鱼是洪雅当地的一道大众菜，芡汁明亮，软嫩透味，醇香滑爽，菜名源自将全鱼对剖后斩成大块，大鱼块形似屋瓦而得名。此菜来自早年农村家庭餐桌，当时多按季节捕捞江、湖、池塘的鱼，没有冰箱保存怎么办？就用最省事的方法，将全鱼对剖处理干净，斩成大块后炸熟且煸干，半弧形外观确实像是瓦块，这样就可以放上几天不坏。之后再回锅烧成菜，因带有炸制工艺的效果，特别入味和浓郁。

❻ 烧约 8 分钟至入味后，下小香葱花、韭菜花和蒜苗花推匀。接着下水淀粉勾薄芡，起锅装盘，撒上藿香碎即成。

**美味秘诀：**

❶ 勾芡不宜太浓，浓了容易发腻。

❷ 炸制鱼肉时，可稍微炸得干些，红烧时更能吸收汤汁，味更厚。

❸ 炸制后的鱼肉虽不易烧烂，但也要避免火力过大将鱼肉冲碎。且火太大了，汤汁一下烧干，会入味不足。

**洪州风情｜茶馆｜** 1950 年代早期，"穿城三里三，环城五里五"的洪雅城内外，只有 1 万人左右的居民，茶馆却有 10 家之多，各具特色，浓缩了四川茶馆的风韵。在四川，茶馆是具有多种功能的公共场所，有人说四川地区是"茶馆多过米店"并不夸张。洪雅的茶馆也沿袭了这一特点，除了是同亲朋聚会的休憩娱乐之所外，也是商人洽谈生意、歇脚解乏、乘凉解渴，江湖艺人谋生之地，道琴、大鼓、曲艺、评书都聚集在此，环境清幽的茶园，则是文人雅士吟诗论文的理想之地；对好学的大学生、中学生而言，则是读书和休闲的好去处。图为今日县城老街及青衣江边的茶馆，早上 7 点多就准备迎接茶客。

OLD TASTES **009**

# 板栗烧猪尾

**特点** / 色泽棕黄，猪尾软糯，板栗香醇，咸甜适中

**味型** / 酱香味　　**烹调技法** / 烧

　　猪尾俗称皮打皮、节节香，主要由皮质和骨节组成，看似不起眼，却是绝佳的食材，皮多胶质重，质地糯口。家庭烹制多采用烧、卤、酱、凉拌等方法。这里用四川本地品种的板栗来烧猪尾，其突出的甜香与化渣的口感，让整体口感层次多样。从养生的角度来说，板栗健胃补肾，猪尾的胶质能养颜，两者搭配成菜，相得益彰。

## 原料：

猪尾 3 根（约 1200 克），去壳板栗 250 克，瓢儿白 10 棵，老姜 20 克，大葱 1 根

## 调味料：

川盐 8 克，味精 5 克，白糖 5 克，八角 2 枚，草果 1 个，糖色 60 克，高汤 1000 克，色拉油适量（约 1500 克）

## 做法：

❶猪尾治净，放入加了八角、草果、老姜和大葱的水锅内煮熟，给猪尾去腥增香。

❷净锅中放色拉油，中大火烧至六成热，下煮熟的猪尾炸成虎皮状。

❸将虎皮猪尾砍成 3 厘米的段；瓢儿白汆烫断生，备用。

❹锅内加高汤，放入猪尾和板栗，用糖色调好色，大火烧开后转小火烧约 45 分钟至把，起锅前加入川盐、味精和白糖推匀即可起锅，装盘后用汆熟瓢儿白围圈装饰即可。

## 美味秘诀：

❶若只买到带壳板栗，其去壳方法为：带壳板栗划一道小口，倒入加了少许盐的开水锅内煮 5 分钟，捞出浸泡在冷水中，冷却后即可轻松完整的剥下板栗。

❷瓢儿白即小油菜、上海青，在这里主要起增色的作用。

**洪州风情｜高庙白酒第一窖｜**位于海拔 1000 多米的高庙古镇玉湾路，早期禹王宫会馆改造的酒厂，为目前唯一历史最久，连续使用、酿酒至今的老窖池，其窖池和酿酒作坊已被列入洪雅县文物保护单位。正是因为这独有的文物级古窖和手工酿酒作坊，才有独一无二的高庙白酒。

OLD TASTES **010**

# 麻辣土鸡

**特点 /** 色泽红亮，麻辣味浓，鸡肉回甜
**味型 /** 红油麻辣味　　**烹调技法 /** 煮、拌

**原料：**

治净跑山土公鸡 1 只（约 1500 克），老姜 20 克，大葱节 50 克

**调味料：**

川盐 10 克，味精 10 克，料酒 10 克，生抽 30 克，白糖 15 克，花椒面 8 克，红油辣子 200 克

**做法：**

❶土公鸡洗净，下入放有老姜（拍碎）、大葱节和料酒的水锅内，大火烧开后转小火煮约 20 分钟至熟透，离火后让鸡泡在汤中，静置到完全变凉。

洪雅农村养鸡多半是散养，以市场说法就是跑山鸡，其肉质紧实有嚼劲，肉香味浓，越嚼越香，是作凉拌鸡肴的最佳食材。农家制作红油没有复杂的香料，只有辣椒面、白芝麻、菜籽油，滋味丰富的关键在选用香辣感醇浓的二荆条辣椒面及恰当的火候。红油调制麻辣味的特点为麻辣味浓，色泽红亮，滋润过瘾。

❷捞出自然冷却的鸡，斩成小条状置于深盘中。

❸取一汤碗，下入川盐、味精、白糖、花椒面和生抽搅匀，加入红油辣子拌匀，倒入盛鸡肉的盘中即可。

**美味秘诀：**

❶煮鸡肉时火不能太大，以免把鸡皮煮破。

❷煮熟的全鸡泡在汤中放凉可以让鸡肉食用时更滋润。

❸制作红油辣子时，可以混合两三种辣味、香味不同的辣椒面，红油滋味层次更多。

**洪州风情 | 青衣江 |**

穿洪雅县而过的青衣江发源于四川雅安市宝兴县硗碛乡北面夹金山与巴朗山连接处的蜀西营，由宝兴河、芦山河、天全河、荥经河四大支流构成扇面流域，分别从北、西、南三面汇集于飞仙关，后续河段才开始称青衣江，后经雅安纳周公河（又名雅安河），至草坝乡顺河村纳名山河，从名山河汇口处龟都府进入洪雅县境内，纳花溪河、雅川河（又名安溪河），在芦溪口进入夹江县境，最终在乐山市虎头山下草鞋渡汇入大渡河。

OLD TASTES **011**

# 水豆豉蹄髈

**特点** / 色泽棕黄，豆豉味浓，麻香微辣，肥而不腻

**味型** / 藤椒家常味　**烹调技法** / 煮、淋

在洪雅，几乎家家户户都会做水豆豉，其独特的发酵味道犹如臭豆腐一般，叫人爱恨交加。"水豆豉"是豆豉调料家族的一员，最早出现在宋代，各地叫法不同。四川、湖南及北方一些地区叫水豆豉，江西称阴豆豉，江苏则叫酱豆豉，还有霉豆豉、臭豆豉的说法。四川地区的豆豉工艺是清初"湖广填四川"大移民时由江西移民带来的，有常见的黑色豆豉，还有具有地方特色的红苕豆豉、姜豆豉、水豆豉，每一种豆豉在川菜中都分别有不同的烹调食用方式。

**原料**：猪蹄髈 1 个（约 1500 克），老姜（拍碎）30 克，红花椒 1 克，蒜米 15 克，姜米 20 克，水豆豉 300 克，青美人辣椒粒 25 克

**调味料**：川盐 5 克，味精 4 克，水淀粉 30 克，清水 2500 克，熟香菜籽油 35 克，藤椒油 15 克

**做法**：

❶猪蹄髈清洗干净，拔净细毛，入热水锅汆一下。❷高压锅放入清水、猪蹄髈、拍碎的老姜、红花椒，盖好锅盖，大火烧至上气后，转中火压煮 15 分钟至粑软，泄压后开盖，捞出蹄髈置于盘中，汤留用。❸锅中放菜籽油，开中火烧至五成热，加入蒜米、姜米、水豆豉炒香。❹调入煮猪蹄髈的鲜汤 250 克、川盐 5 克、味精、青美人辣椒粒推匀，用水淀粉勾芡，下入藤椒油推匀后淋于蹄髈上即成。

**美味秘诀：**

❶高压锅压煮完成，务必确认已充分泄压后再开锅盖，避免危险。

❷煮蹄髈时也可加少许川盐添加底味，味感较厚。

❸成菜后也可撒上适量葱花，增添鲜香味。

**雅自天成▲** 白刺尖有籤菜、鹅掌籤、三叶五加、三加皮、刺三加等多个名字，是洪雅地区常见的野菜。

**洪州风情｜三宝镇**

洪雅三宝镇。白天年轻人都外出工作，镇上老街的老年人们相约打牌，下雨也浇不熄他们的兴致。

OLD TASTES **012**

# 凉拌白刺尖

**特点／**芳香浓郁，营养健康

**味型／**藤椒鲜辣味　　**烹调技法／**焯、拌

　　白刺尖即籤菜，属于五加科，可谓洪雅野生蔬菜一绝，山间田边皆有生长，一直是农村春夏两季的家常菜。据《本草纲目》记载，籤菜有"解百毒"之效，滋味爽口，芳香独特，现已成为许多人心目中的天然保健蔬菜。

**原料：**白刺尖200克，小米辣椒5克，蒜头5克

**调味料：**川盐4克，味精2克，藤椒油5克

**做法：**

❶将白刺尖洗净后放入开水锅中焯水，捞出在凉开水中过凉。❷白刺尖过凉后切成小段，挤去多余水分，放入盆中；小米辣椒切成圈，蒜头切碎。❸往白刺尖中加入川盐、味精、蒜头碎、小米辣椒圈和藤椒油拌匀即可。

**美味秘诀：**

❶白刺尖焯水的时间，可根据自己追求的口感，比如脆或软等来适当调整。❷红小米辣椒圈不仅能赋予鲜辣味，还能起到调色的作用。

OLD TASTES **013**

# 椿芽煎蛋饼

**特点** / 色泽金黄，椿芽味浓，营养丰富
**味型** / 咸鲜味　**烹调技法** / 煎

　　洪雅的地理环境有"七山一水二分田"之说，山多自然野菜品种就多，香椿算是其中之一，更有"树上的蔬菜"的美名。虽不是洪雅特产，却十分普遍，被用来拌豆腐、佐白肉等，但洪雅人最爱的是与鸡蛋搭配，成菜香气独特，简单而绝妙。椿芽的季节性十分强，一般来说清明前的最香嫩，之后其纤维老化速度加快，即使是芽，口感仍不佳。

**原料**：土鸡蛋 3 个，椿芽50 克

**调味料**：川盐 3 克，味精 1克，菜籽油 20 克

**做法**：
❶椿芽洗干净后切成细末。
❷土鸡蛋加入川盐和味精调匀。❸把椿芽末放入鸡蛋液中调匀。❹锅内下油烧热，倒入调好的鸡蛋液，煎至两面金黄即可。

**美味秘诀**：
❶煎的时候先热油至七成热（210℃左右），关火，待油温降至五成热（150℃左右），再倒入鸡蛋液，重新上中火煎制。这道程序做好，首先是不易粘锅，其次是成形更美观，色泽也更佳。❷鸡蛋本身的鲜味很足，味精也可不加。

OLD TASTES **014**

# 椿芽白肉

**特点** / 椿芽清香，猪肉肥而不腻，蒜香浓郁，回味微甜
**味型** / 蒜泥味　**烹调技法** / 煮、拌

**原料**：猪二刀肉 400 克，蒜泥 50 克，香椿芽 60 克，青笋 200 克

**调味料**：川盐 4 克，味精 1 克，甜酱油 30 克，红油辣椒 50 克

**做法：**

❶猪二刀肉洗净，放入汤锅，加适量清水，开中火煮开后续煮约 8 分钟至八成熟，关火后泡约 20 分钟，捞出晾凉。❷香椿芽入沸水中汆一水，捞起后用凉开水漂凉，挤去多余水分后切碎。❸青笋切片，加川盐 2 克拌匀，静置 5 分钟后滗去多余的水分，铺在盘底。❹将凉冷的二刀肉切成薄片，码放在盘中青笋片上。❺取一碗，放川盐 2 克、味精、甜酱油、蒜泥和红油辣椒调成味汁淋在肉片上，撒上香椿碎。食用前拌匀即可。

**美味秘诀：**

❶二刀肉煮至八分熟后，利用汤水余热泡熟，可确保肉香味足、肉质滋润。❷汆烫香椿芽的时间应短，断生即可，避免椿芽芳香味过度流失。❸椿芽的保存法为入热水汆烫断生，凉开水漂凉后，按每次使用量装入塑料袋中，将其放入 -20 ~ -15℃的冷冻区中迅速冻结，即可储藏。解冻后风味、色泽依旧。

**洪州风情 ｜羌风楚韵｜**

据史料记载，公元前 223 年秦灭楚后，强行将楚严王后裔迁徙到荒僻的西蜀瓦屋山区，传说就是定居于洪雅瓦屋山复兴村一带，楚严王的后裔带来了先进的生产技术和楚文化，与当地青衣羌人千百年的和睦相处而融为一体，形成民族学上独特的"羌风楚韵"的地域文化。

中华传统节日多伴随着祭祀仪式，其中猪坐臀肉经头刀取下，二次用刀修得方整后成为祭祀三牲中的要角，这块肉因此又被称之为"二刀肉"。二刀肉皮薄肉嫩、肥而不腻，为川菜带来"回锅肉""蒜泥白肉"等节日菜，现今更成了四川名菜。洪雅椿芽白肉是在蒜泥白肉的基础上添加春季的香嫩椿芽，清香爽口，为舌尖增添口味变化。

OLD TASTES 015

# 香酥面鱼

**特点** / 外酥里嫩，色黄肉香

**味型** / 香辣味　　**烹调技法** / 炸

　　"面鱼"，顾名思义就是所裹的粉比较厚，与制作酥肉一样，在早期物资不足的环境下，是变相增加"肉量"的方法，让素寡的肠胃能小小满足一下，宴客时更能节约费用。另一方面"面鱼""酥肉"确实酥香好吃。此外制作面鱼的野生杂鱼个头都较小，经过油炸后十分酥脆，多可连骨带刺一并吃掉，特别香，虽不起眼，却是许多人的最爱，既能回味又满足了胃。

**原料：**

野生杂鱼 300 克，豌豆粉 50g，鸡蛋 2 个

**调味料：**

川盐 4 克，辣椒面 8 克，花椒面 2 克，菜籽油适量（约 1500 克）

**做法：**

❶将野生杂鱼宰杀治净。

❷鸡蛋与豌豆粉拌匀，调入川盐 2 克和花椒面搅匀。

❸取一小碗，放入川盐 2 克、辣椒面，混和均匀，即成干辣椒碟。

❹锅中下入菜籽油，大火烧至六成热，转中火。把治净的鱼在鸡蛋豆粉糊中裹一下，放入油锅中炸至酥脆后沥油装盘，食用时搭配干辣椒碟即可。

**美味秘诀：**

❶鱼的个头较小，应耐心宰杀治净，避免成菜带腥味。

❷炸制时可在面鱼定型后转小火慢炸至熟透，临起锅前转大火升油温上色，成品更加酥脆。

❸可以根据自己的口味准备其他蘸料蘸食。

**洪州风情 | 槽鱼滩 |**

　　洪雅槽鱼滩之名源自受激流侵蚀的独特河床地形，更影响当地的捕鱼方式，以岩槽中捞鱼或定点下网诱捕为主，而非一般的下网捞捕。因修电站，已难见到河床的样貌，图为槽鱼滩捕鱼风情及三宝镇段的青衣江河床样貌可供想象。

## OLD TASTES 016

# 石磨豆花

**特点** / 豆花细嫩，入口爽滑，香辣味美

**味型** / 香辣味　　**烹调技法** / 点

**原料：**

黄豆 500 克，岩盐卤水（做法见 055 页）15 克，小香葱花 10 克，花生碎 50 克

**调味料：**

郫县豆瓣 100 克，花椒面 10 克，辣椒面 50 克，菜籽油 200 克，精炼植物油 20 克，藤椒油 5 克，木姜油 2 克，清水 5000 克

**做法：**

❶黄豆洗净，加 3 倍的水量浸泡 10 个小时至完全涨发，沥水后搭配清水 5000 克，用磨浆机磨成豆浆。

　　在农村，若有亲朋好友来访，必定是从前一天就开始泡精选的黄豆，隔天一早磨成生豆浆，接着煮豆浆、点卤成一锅豆花。豆花虽便宜，对于农村的人来说，代表的是主人礼轻情意重的心意。洪雅豆花的制作程序与其他地方基本一样，但关键的点卤却是偏好使用当地俗名"岩盐"的生石灰岩，烧透后冲入热开水做成的卤水，点出来的豆花相较于盐卤豆花豆香更清新，口感更滑嫩。

❷取汤锅，开中火，下入精炼植物油，将过滤后的豆浆倒入锅内，开始加热，直至豆浆确实沸腾后关火。

❸待豆浆温度降到70～80℃时，用大汤勺舀少量岩盐卤水，在豆浆面上以画圆的方式轻轻滑搅，当凝结停止时，再舀一点卤水滑搅，一直重复到锅内的豆花全部成型、上层水变清后停止搅动。

❹用筛子轻轻的滗开已成型的豆花，舀去部分上层清汤水，一边舀水一边轻压锅内的豆花，至豆花变紧后，用刀将其划成均匀的小块。

❺锅内放油，下豆瓣炒香出色，调入花椒面、辣椒面和花生碎，即成香辣酱。

❻取2个蘸碟，分别舀入适量香辣酱并放上小香葱花，最后调入藤椒油即成藤椒味碟，加木姜油即成木香味碟，随配豆花食用。

**美味秘诀：**

❶若磨浆机不具备除渣功能就须用纱布袋过滤豆渣。

❷点豆花时，可通过勺子上粘的豆腐皮多寡，判断豆花制作成功与否，多的话就是成功。

❸植物油是天然的豆浆消泡剂，避免煮豆浆过程中的浮泡过多，形成"假沸"现象，影响对沸腾状态的判断。

**雅自天成▼** 洪雅县"雅女湖"即瓦屋山水库，远方云中的瓦屋山被喻为洪雅的"父亲山"，与"母亲河"青衣江一同养育洪雅文化。

OLD TASTES **017**

# 烧海椒拌皮蛋

**特点** / 椒香浓郁，菜油香突出，酸香微辣，皮蛋滑爽
**味型** / 煳香烧椒味　**烹调技法** / 烧、淋

**原料：**皮蛋 3 个，二荆条青辣椒 200 克

**调味料：**川盐 2 克，味精 1 克，生抽 5 克，醋 3 克，熟香菜籽油 8 克，藤椒油 2 克

**做法：**

❶二荆条青辣椒用小火烤至外皮呈虎皮状且已熟。❷烤熟的二荆条青辣椒去皮后用清水漂净，沥干后撕成丝，即为烧椒丝。❸皮蛋去壳切成小块，摆入盘中。❹烧椒丝放入碗中，拌入川盐、味精、生抽、醋、熟香菜籽油、藤椒油拌匀，淋在盘中的皮蛋上即成。

**美味秘诀：**

❶制作烧椒时，使用炭火或柴火可以增添独特的烟香味。
❷调制烧椒汁必须使用香气浓郁的菜籽油，菜籽油的独特香气是此菜品的风味关键。

青衣江穿洪雅县而过，多数人家都养鸭，当产蛋的季节一到，鸭蛋常是多到吃不完，除了做成咸蛋，大部分家庭选择做成皮蛋，至今还保留着传统制作工艺。皮蛋又名"变蛋"，常见的有两种，一种为鸭蛋做的墨绿色皮蛋，另一种为鸡蛋做的，金黄透明如琥珀的皮蛋，原理一样，都是泡入碱性且有调味的液体，但碱性的来源不同，墨绿色皮蛋用松柏枝灰、碳酸钾、碳酸钠等让液体呈强碱性，而金黄色皮蛋单用石灰让液体呈强碱性，强碱经渗透作用转化蛋白及蛋黄的质地及风味。

**洪州风情** | 洪雅县花溪河多条支流散布在东岳镇境内，养鸭鹅的人家多，几乎天天都有农家在农贸市场卖蛋，当地的商贩除买卖鲜蛋外，兼营传统工艺制作的皮蛋销售，风味极佳，值得一尝。

## OLD TASTES 018
# 木香萝卜苗

**特点** / 碧绿清爽，奇香美味

**味型** / 鲜辣木香味　　**烹调技法** / 焯、拌

据洪雅县罗坝镇相关记载，兴建场镇的始祖叫罗六经，原名赵太原，生于明初，因避难辗转逃到洪雅，于现在罗坝镇所在地搭了一座茅屋卖饭为生，在此安家。此地是去青衣江北岸中保镇的渡口，饭馆方便来往行人，生意红火。后来繁衍分支为六大房人，在原地修建了不少房屋，也吸引了许多外姓人家到此定居，逐渐形成今日罗坝场镇，经历了近600年的风风雨雨。罗坝的历史可以说是一部浓缩的四川移民史。

秋收后的农村，田地里开始种起了秋冬蔬菜，如萝卜、青芥菜、大白菜、红油菜、棒菜、儿菜等。其中萝卜是最多的，除了等待入冬后的收成，前期的嫩萝卜苗也是绝佳的美味。萝卜苗又称娃娃缨萝卜、萝卜芽，以真叶刚露出时最佳，肥嫩清脆滋味浓，调以洪雅山区木姜子炼制的木姜油，像是浓缩了柠檬香加香茅的独特香气，让人迷恋。

**原料：** 萝卜苗 150 克，蒜末 5 克，青小米辣椒圈 5 克，红小米辣椒圈 5 克

**调味料：** 川盐 3 克，味精 1 克，木姜油 3 克

**做法：**

❶萝卜苗洗净，放入沸水锅内焯水，捞出立刻用凉开水冲凉后，捞出沥水。❷挤去熟萝卜苗多余的水分，放入盆中。❸加入川盐、味精、蒜末和青红小米辣椒圈、木姜油拌匀，装盘即成。

**美味秘诀：**

❶萝卜苗非常细嫩，只需要在沸水中飞一水就好，切不可煮至过软，否则会失去鲜嫩的口感。❷给熟萝卜苗挤水时，不宜挤得过干，特别需要注意保留部分豆苗本身的汁水，以确保口味的丰富度。❸木姜油本身味道十分浓厚，使用量宜少不宜多。

罗坝老街。

OLD TASTES **019**

# 雅泉炉炉菜

**特点 /** 汤清无油，本味鲜甜，蘸碟风味多样

**味型 /** 咸鲜本味　　**烹调技法 /** 煮

**原料：**

冬瓜 100 克，南瓜 100 克，茄子 75 克，豇豆 75 克，瓦屋山泉水 1000 克

**调味料：**

藤椒味碟：川盐 2 克，味精 1 克，小米辣椒碎 5 克，芹菜碎 5 克，小香葱花 3 克，藤椒油 5 克，凉开水 20 克；
红油味碟：川盐 2 克，味精 1 克，小米辣椒碎 3 克，芹菜碎 5 克，小香葱花 3 克，藤椒油 5 克，红油辣子 20 克

**做法：**

❶将冬瓜、南瓜、茄子、豇豆洗净，冬瓜、南瓜、茄子切滚刀块，豇豆切段。

❷取净锅，下入清水及全部食材。

❸开大火煮开后转中火滚煮约 10 分钟至炉。

❹取两个碗，分别下入藤椒味碟、红油味碟的全部调味料，搅匀即成味碟。

❺将煮炉的蔬菜连同汤一起盛入汤碗中，配上味碟即可食用。

**美味秘诀：**

❶炉炉菜用的食材可按季节调整，但基本上要有一样是甜香味明显的蔬菜，成菜后风味相对较协调和美味。

❷瓦屋山泉水可换成容易取得的泉水，因泉水中的微量元素可让成菜的鲜甜滋味更丰富。若没有泉水也可用一般的清水。

❸味碟可按个人喜好搭配，以鲜香醇厚为原则。

　　炝炝菜是四川也是洪雅家庭最常见的一道家常菜，烹煮简单，不放油不放盐，直接吃是原汁原味，蘸着吃就变化万千，可以麻辣厚重，也可以清爽咸鲜。对川菜地区以外的人来说就是一道极其普通的"白水煮青菜"，还没油没盐！但只要懂得品这道菜的人，基本就掌握了川菜的精髓：鲜和香！

　　麻辣虽是川菜最刺激和鲜明的特点，却也是最容易味觉疲乏的菜品，炝炝菜就是这样一道不起眼但关键的"承"和"转"的菜品，让味蕾与肠胃在刺激之余得到缓冲。它清鲜的本味可解各式麻辣、厚重的滞腻感，让味蕾在松紧之间产生愉悦感，一顿饭下来感觉是刺激、满足而舒服的。若是搭配味碟，就能在这道菜中吃出鲜香、麻辣、酸甜等多种滋味变化，对于爱吃"味"的四川人来说，炝炝菜就是家常大宴。

## 洪州风情 | 瓦屋山 |

　　仙气十足的瓦屋山是世界第二大的"桌山"，不仅是生态旅游胜地，还可以算是中国天师道教发源地之一。据传，道教祖师太上老君在瓦屋山升天，天师道教创始人张道陵在瓦屋山创立了五斗米教等事迹。至今，瓦屋山尚存有太清宫、川王庙、炳灵祠、木刻太上老君及张陵降蟒等遗迹。

OLD TASTES **020**

# 青椒坛子肉

**特点** / 软糯适中，肥而不腻，滋润香辣

**味型** / 香辣味　　**烹调技法** / 腌、炒

　　"坛子肉"是洪雅及周边多山地区的一种特色食材，极富乡土风味。过去在春节前都要杀年猪，但又没有冰箱，于是人们就创造出各种可延长保存期限的工艺，先炸再用油封起的坛子肉工艺因此产生。农村制作坛子肉的过程是一道独特的景观，一般都在户外，只见那特大锅中挤满了大块的肉，每块都有 500～1000 克不等，需用油熬至水分全无，需要 4～6 小时，然后装入坛中再灌满猪油，放凉后封起即成，储存条件好的可放上一年不坏。

**原料：**

五花肉 5000 克，八角 40 颗，三奈 10 克，老姜 300 克，香叶 10 克，青小尖椒 150 克

**调味料：**

川盐 120 克，味精 2 克，白糖 5 克，猪油 750 克

**做法：**

❶五花肉切成大方块，洗净后沥干，放入大盆中。

❷下入川盐 120 克码拌均匀，置于 10℃以下的地方腌制约 1 天至完全入味。

❸锅内放入猪油、八角、三奈、老姜和香叶，开中大火，下五花肉块半煎炸至外表紧缩，转中小火慢慢煎熬 3～4 小时至熟透且水汽全无。

❹将熬好的五花肉放入坛子中，灌入熬出的猪油，需淹过肉，静置放凉后密封。

❺封存 1 个月后即成坛子肉。取出适量坛子肉，切成薄片；青小尖椒切成马耳朵状。

❻取一净锅下入坛子中的猪油 25 克，中大火烧至五成热，下入切好的坛子肉和青小尖椒，煸炒断生后，调入味精和白糖炒匀即可。

**美味秘诀：**

❶腌制时，环境温度不能满足 10℃以下时，可放入冰箱冷藏。

❷务必将肉中的水分熬干，储存时间才能长。

❸装满肉的坛子要密封好，放在阴凉低温处存放。条件许可的话放在冰箱冷藏效果最佳。

❹使用坛子肉的猪油做菜可以不再放盐或少放盐，因已带咸味。

**雅自天成▲** 柳江古镇虽已是景点，夜晚却有着多数景点没有的宁静与休闲感。到洪雅旅游，在柳江住上一晚十分值得。

OLD TASTES 021

# 雅笋炒老腊肉

**特点** / 色泽分明，咸鲜腊香，肥而不腻

**味型** / 咸鲜味　　**烹调技法** / 炒

洪雅传统的干雅笋都是用高山冷笋干制而成，每年八九月为产季，需深入山中采笋，一进山就是数十天，农民在落脚处搭起简易烘烤房，白天采笋，晚上剥去笋壳并烤干，方能储存至下山，也便于背下山，所以烟熏香味浓郁。另一方面，来自千米以上的几个乡镇的老腊肉是洪雅最好的，生态环境好且气温较低，其熏制时间较长，肉色金黄透明，烟腊香、脂香味浓郁。取雅笋炒洪雅老腊肉，其独特的烟腊香将通过舌尖带你感受洪雅朴实而生态的风情。

**原料：**

带皮五花老腊肉 250 克，烟熏雅笋 100 克，蒜苗 50 克，干辣椒节 5 克，干红花椒 1 克

**调味料：**

川盐 1 克，味精 1 克，白糖 2 克，色拉油 30 克

**做法：**

❶用火燎去带皮五花老腊肉的毛根，刮洗干净后，入冷水锅。

❷开中火煮开，转中小火续煮 25 分钟，使腊肉熟软，捞出，晾凉后切成薄片。

❸烟熏雅笋用清水洗净后，泡入热水涨发。

❹取出涨发好的雅笋并挤干水分后，切成条状，蒜苗切成小段。

❺锅内放色拉油，中火烧至五成热，放入干辣椒节和干红花椒爆出香味。

❻放入老腊肉片和雅笋同炒，待炒出香后调入川盐、味精和白糖炒匀。最后下入蒜苗同炒，断生后即可出锅装盘。

**美味秘诀：**

❶控制好煮腊肉的时间，具体时间依腊肉的咸度、干度及厚度而定。煮的时间不足会偏咸或口感老硬，时间长了腊香味和盐味均不足，口感软烂。

❷根据个人口味，调节干辣椒节和干红花椒的使用量。

❸一般雅笋干涨发需数小时，可一次性涨发好一定的量，将发好的笋干连同最后一次的水一起放入冰箱冷藏，一般可放 3 ~ 5 天。使用清水雅笋可省去涨发的程序。

❹雅笋干涨发及保存期间避免遇油，遇油后质地会变软，不爽口。

**雅自天成▼** 位于四川盆地西南边缘的洪雅也是茶叶大产区，多数种植区位于无污染的丘陵、山沟中，深入其中如登仙境。

OLD TASTES **022**

# 五花肉烧苦笋

**特点** / 脆嫩鲜美，清苦回甘，脂香味浓

**味型** / 家常味　　**烹调技法** / 烧

　　春末夏初正是洪雅地区苦笋大量上市的季节，苦笋又名甘笋、凉笋，普遍生长于洪雅低山丘陵，环境滋润，温差适宜，所产苦笋鲜香微苦，脆嫩回甜更胜其他产地，且现采的新鲜苦笋可直接食用，极为清甜，后韵是微苦而回甘。在当地农村，人们总喜欢加些猪肉以白烧的方式烹煮苦笋，成菜后笋香味浓，适量的猪肉让整体口感更滋润。对农忙季节的农民来说，可以一次性大量成菜，便于食用也是关键。

**原料：**

五花肉 500 克，去壳苦笋 350 克，大蒜 50 克，青甜椒 30 克，红甜椒 30 克

**调味料：**

川盐 3 克，鸡精 2 克，清水 750 克，色拉油 50 克

**做法：**

❶去壳苦笋洗净后切成滚刀块；五花肉切成条块；青、红甜椒切菱形块。

❷锅里下色拉油中火烧至五成热，下五花肉块炒干水汽后转小火，下入去皮大蒜，慢炒至熟透出香。

❸加入清水，转中大火烧开后转小火慢烧。

❹烧至汤汁只剩一半时，倒入苦笋，调入川盐和鸡精推匀后，继续烧几分钟，下入青、红甜椒块，翻炒断生即可盛盘。

**美味秘诀：**

❶苦笋一定要先洗后切，以最大限度保留苦笋特有的清苦回甘味。

❷五花肉块炒干水气后，改小火慢炒是要避免肉带上金黄色，成菜方能清亮净爽。

❸烧肉时添加水量的原则是以刚好淹没肉块等食材为宜，烧的时间及最终汤汁多寡通过火候来控制。

**洪州风情｜苦笋｜** 四川洪雅的苦笋甜脆、味纯，生长过程中不太需要化肥和农药，是难得的天然绿色食材。以春末夏初的鲜笋苞最鲜脆，其中雨后或天未亮前采挖的是苦笋中的上品，质地更脆嫩，犹如水梨，清香微苦风味浓郁，回甜滑口，挖起后可现剥现吃，为少数可生吃的鲜笋。上图为笋农采苦笋的情景。若想体验现采现剥现吃，可参与每年 5 月份的洪雅苦笋节。

OLD TASTES **023**

# 腊牛肉

**特点 /** 紧实耐嚼而味厚，腊香浓郁而色浓

**味型 /** 咸香味　　**烹调技法 /** 腌

**原料：**

牛后腿肉 5000 克

**调味料：**

川盐 140 克，白糖 190 克，
白酒 70 克

**做法：**

❶剔除牛后腿肉筋膜，按纤
维纹理切成约长 45 厘米、
厚 2 ~ 3 厘米、宽 4 ~ 5 厘
米的条。

❷取一盆，放入川盐、白糖、
白酒，拌匀成腌料。

❸将牛肉条一一均匀抹上腌
料，放入缸中，腌制 5 ~ 7 天。

❹牛肉条出缸后洗去腌料并
擦干，穿绳结扣，挂在竹
竿上，放入烘烤炉以低温
（50 ~ 55℃）连续烘烤约
3 天，至干透。

❺取一块制好的腊牛肉，放
入汤锅内加水，中大火煮熟
后转小火续煮 10 分钟，捞
出晾凉。

❻将腊牛肉块切成粗条，再
用手撕成细条即可。

**美味秘诀：**

❶如果肉块较大，腌制时间
要适当延长。

❷腌制期间，每 8 ~ 12 小

　　洪雅因为山多，又是重要林场，多数人一年都要几次入山工作数天到数十天，也就需要便于携带的干粮，而各式腊肉就成了首选，其中腊牛肉最受推崇，从现代营养学角度来看，牛肉能提供高质量的蛋白质，含有全部种类的氨基酸，可以更快速地补充体力，且腊牛肉的防腐能力强。洪雅腊牛肉是将牛腿肉以川盐长时间腌制后烘烤干制而成，成品风味特殊、水分极少，拥有较长的保存时间。

时翻缸一次，以使盐味均匀、充分渗入牛肉深层。

❸若条件许可，可搭建烘房，用炭火或草木焖烧的方式烘烤至干透。

❹非冬季制作，或冬季气温多在10℃以上的地方，腌制过程应在低温空间中进行，避免腐坏。

❺做好的腊牛肉悬挂在阴凉干燥的通风处，即可长时间不坏。

**雅自天成▲** 瓦屋山林场的树种以杉木及柳杉为主，一望无际犹如"林海"。

OLD TASTES 024
# 干拌鸡

**特点** / 干香麻辣而回甜，富有嚼劲

**味型** / 麻辣味　**烹调技法** / 拌

**原料**：治净土公鸡 1 只（约 1200 克），干辣椒节 50 克，干红花椒 10 克，大葱 1 根，老姜 20 克

**调味料**：川盐 10 克，味精 3 克，白糖 7 克，菜籽油 25 克

**做法**：

❶将治净公鸡清洗后，放入一适当汤锅，加入大葱、拍破的老姜及能淹过全鸡再多 1/3 的清水，大火烧开后转用小火煮 30 分钟，捞出晾凉。❷干辣椒节和干红花椒加菜籽油，用小火炒酥脆，待到冷却后，全部用手搓碎即成搓椒。❸将凉冷后的鸡肉斩成小块，加入川盐、味精、白糖和搓椒拌匀即可。

　　麻辣味是四川人最善吃、川厨最善调的一种味道。花椒和辣椒的运用则因菜而异，有的用郫县豆瓣，有的用干辣椒，有的用红油辣椒，有的用辣椒粉；有的用花椒粒，有的用花椒末。调制时均应做到辣而不燥，辣中有鲜。洪雅人家调制的干拌麻辣味别具特色，手工将辣椒和花椒搓成细碎状的搓椒后拌入，既少了一般麻辣菜式的浓油赤酱，又给人原生态而粗犷的味道感受。

**美味秘诀：**

❶选用散养 200 天以上的土公鸡，肉质扎实适合拌制，且口感和肉香更佳。❷干辣椒和干花椒一定要用手搓碎，成菜才能实现红亮的色泽，搓椒对辣椒、花椒的组织破坏少，滋味、辣感释出缓和，更好入口，煳香麻辣特色不变，层次却更多。

**雅自天成▼** 洪雅县境内的总岗山水库，景致层次丰富，又称汉王湖。湖周有 170 余座青山环抱，有"九湾十八坳"之称。

洪雅地区种植藤椒的历史悠久，家家户户都懂得充分利用藤椒树，其中藤椒芽尖就是产地才能吃到的特色食材，以春季的嫩芽尖最佳，椒香优雅，细嫩爽口，其他季节芽尖质地偏粗且容易夹带过多的杂味。可单独成菜，也可用于搭配各式小炒荤菜，如藤椒尖盐煎肉、藤椒尖回锅肉、藤椒尖炒腊肉等。

**洪州风情 | 藤椒林 |** 每年春天，洪雅乡村里的藤椒林，一眼望去尽是嫩绿，是一个尝鲜的季节！刚发的嫩椒芽，质地脆嫩，杂味较少，苦涩味也低，可炒荤菜，也可飞一水（汆烫的意思）后凉拌，简单烹调就是产地农家才有的爽口开胃菜。

OLD TASTES 025

# 爽口藤椒尖

**特点** / 色泽碧绿，微辣爽口，藤椒味独特

**味型** / 鲜辣味　　**烹调技法** / 汆、拌

**原料：**藤椒嫩芽尖 300 克，青美人辣椒碎 5 克，小米辣椒圈 8 克，蒜米 5 克

**调味料：**川盐 3 克，味精 3 克，熟香菜籽油 10 克

**做法：**

❶将藤椒嫩芽尖入沸水锅中汆水，断生后立刻捞起，以凉开水冲凉。❷将冲凉的熟藤椒嫩芽尖挤干水分，放入盆中。❸加入青美人辣椒碎、小米辣椒圈、蒜米、川盐、味精、熟香菜籽油拌匀即可。

**美味秘诀：**

❶藤椒嫩芽尖烹煮前务必检查有无硬刺，避免食用时受伤。
❷汆烫时，断生即可，口感才爽。冲凉开水快速降温的目的是避免加热至熟，以避免余温造成过熟使口感变软或颜色老黄。
❸熟香菜籽油也可改用香油。

OLD TASTES 026
# 原味油冻粑

**特点 /** 成品洁白如霜，暄软适口，清香宜人
**味型 /** 甜香味　　**烹调技法 /** 磨、蒸

**原料：**

大米 300 克，猪板油 30 克，包谷壳 10 片

**调味料：**

白糖 50 克，清水 450 克，熟香菜籽油少许

**做法：**

❶大米洗净，用清水浸泡 12 小时。

❷沥去水分后，搭配清水 450 克磨成浆。

❸取一碗浆在净锅中用小火加热至微沸而熟，再混入冷浆中搅拌均匀，静置发酵约 12 小时。

❹把猪板油剁成细末，在锅中炒散，炒至断生，加入发酵好的米浆中，再加入白糖，搅匀。

❺包谷壳折叠出口袋状，把做法❹发酵好搅匀的米浆灌入约七分满，排上蒸笼，大火蒸约 15 分钟至熟，出笼放凉。也可趁热食用。

❻取净锅，下入少量熟香菜籽油，中火烧至四成热，放入放凉、剥去包谷壳的冻粑，转中小火慢煎至热透且外表金黄即可。

　　四川地区习惯将米浆制成的点心称为"粑"，华中及华南多习惯称为"糕"。油冻粑是洪雅地区春节必备的点心，早期在制作时利用冬季的低温来"冻"米浆，使其自然发酵过程降至极慢，短则数天、长则十多天，产生独特的松软质地并舒爽适口，加上成品洁白如霜，而被命名为"冻粑"。米浆发酵完成后加入猪板油，用干玉米叶包裹吊浆，成品在发酵的米香中带有玉米叶的清香。洪雅人更偏好入锅用少许油煎至两面金黄再吃，更香更滋润。

**美味秘诀：**

❶米浆发酵时间应考量环境温度，夏天适当缩短，冬天适当延长。若冰箱空间足够，可不分冬夏都置于冰箱冷藏发酵，这样就能固定发酵时间。

❷发酵良好的米浆应呈充满小气泡的稀糊状，散发出令人舒适的发酵酸香味。

❸也可调入精细馅料，如红糖、芝麻、花生、玫瑰等，即成风味冻粑。

**洪州风情｜街头摊摊｜** 在以农业为主的洪雅乡镇中，或许是务农的关系，也可能是和食材取得的便利程度有关，卖各式油糕、油炸粑的摊摊最为常见，特点就是便宜、好吃又管饱。在洪雅，对于用谷物为原料，经蒸制或油炸的食品通称为"糕"或"粑"。经常见到街头摊摊就着一锅浓香菜油炸出外表金黄香脆，质地软糯的油糕、粑粑，常见的有红豆、椒盐油糕、油炸粑、炸枕头粑和豌豆粑等。

OLD TASTES **027**
# 凉粉夹饼

**特点 /** 饼香面实，香辣爽口而滑润
**味型 /** 香辣味　　**烹调技法 /** 烤、夹

　　在洪雅，逢年过节，如五月台会、闹元宵等节日活动，总有许多的小吃摊摊聚集，其中便宜又能吃饱的凉粉摊摊总是聚集最多人，除了单卖凉粉，也兼卖凉粉夹饼。刚烤好的酥香饼子夹入香辣爽滑而清凉的凉粉，十分爽口而又令人满足。用于夹凉粉的饼子，还可夹各种冷热料，早期则多是各种粉或素菜，现今则更多荤料，如拌三丝、肺片、拌白肉、粉蒸肥肠、粉蒸牛肉等，以香辣味为主，也可拌成鲜味、酸辣味等。

**原料：**

中筋面粉 200 克，
凉粉 500 克

**调味料：**

川盐 7 克，味精 5 克，酱油
3 克，蒜泥 20 克，豆豉 15
克，花椒面 5 克，红油 50 克，
猪油 20 克，清水 100 克

**做法：**

❶中筋面粉加入川盐 2 克、
猪油、清水揉成面团，盖上
湿纱布巾，醒 15 分钟。

❷将醒好的面团搓成条，切
成 30 克的剂子 10 个，将
剂子搓圆后略压，再擀制成
圆饼状，入炭火烤炉烤熟成
饼子。

❸凉粉切成 1 厘米见方的
块，备用。取一饼子从侧面
划开成口袋状。

❹取一份凉粉约 50 克放入
碗中，加入川盐 0.5 克、味
精 0.5 克、酱油 0.3 克、豆
豉 1.5 克、蒜泥 2 克、花椒
面 0.5 克、红油 5 克拌匀夹
入饼中即可。

**美味秘诀：**

❶最好是现拌现夹，吃几个
包几个，避免馅料出水或者
汤汁将饼给润湿了，影响
口感。

❷没有炭火烤炉的可以用平
底锅直接烙熟食用，或是烙
熟后再入电烤箱烤酥。香气
会少一些。

**洪州风情｜柳江古镇｜**

　　话说四川古镇这么多，多是有水无山，或是山水比例不佳，缺乏层次分明的通透立体美感。而柳江古镇是极少数有山有水，比例适当、层次分明，就像是美丽和谐的天然盆景，可说是四川省内旅游资源中的温润美玉，让人向往、喜于亲近。

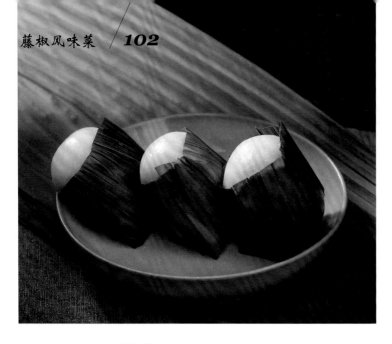

OLD TASTES **028**

# 豆沙叶儿粑

**特点** / 糯而不腻，香甜可口
**味型** / 香甜味　**烹调技法** / 磨、蒸

叶儿粑是四川地区的特色传统小吃，在不同的地区有不同的叫法，如崇州等地的加了艾草，又叫艾馍；川南宜宾、泸州则叫作猪儿粑。洪雅地区叶儿粑的独到之处在选用当地特有的大叶仙茅的叶子作为粑叶，香气味独特又便于包裹，是农家清明节、春节的传统食品，常见口味有猪肉、腊肉咸馅和豆沙、玫瑰甜馅等。

**原料**：糯米 500 克，大米 500 克，红豆 300 克，粑叶（大叶仙茅叶）适量

**调味料**：白糖 50 克，猪油 50 克，清水 2100 克

**做法**：

❶红豆用水泡 24 小时后捞起下入高压锅，加入清水 800 克。❷大火煮滚后转中小火压煮约 30 分钟至粑烂。❸用细网筛把煮好的红豆过滤出豆沙，去除豆皮，然后把豆沙装入棉布袋吊起，沥干水分。❹将沥干水的红豆沙放入锅内，加猪油以中小火炒至翻沙后，调入白糖和匀，放凉备用。❺糯米和大米一起，用清水泡 12 小时后捞起，搭配清水 1300 克磨成浆。把浆装入棉布袋吊起，沥干水分即成吊浆粉。❻大火将吊浆粉下成均匀的剂子，包入适量豆沙馅，用粑叶包住后上笼，大火蒸约 20 分钟至熟透即可。

**美味秘诀**：

❶在夏季泡红豆、糯米和大米时，应每隔 3 ~ 4 小时换一次水，避免酸掉。❷粑叶可用各种无毒的树叶替代，如橘子叶、芭蕉叶等。❸粑叶上可抹一层油后再用来包叶儿粑坯，食用时减少粘连。❹若是家庭少量制作，可购买市售的汤圆粉、大米粉及馅心制作。

**雅自天成**▲ 修文塔位于洪雅县余坪镇，经过整修后的今昔对比。

甜香味的冰粉是夏季消暑凉品，但洪雅人家却有加木姜油的独特吃法，据说是祖辈们吃冰粉时不小心用沾了木姜油的汤勺舀糖水，没想到那淡淡的木姜香让原本的甜香变得十分鲜爽，独特的甜香木姜味因此流行于洪雅地区。话说洪雅冰粉多使用"冰粉子"制作，又叫石花籽、家冰粉籽，是一种草本植物，名为"假酸浆"的种子，原是野生，现多是人工种植。这种冰粉籽搓浆后需加凝固剂石膏水才能凝固，成品具有独特的植物清香。

**雅自天成▲** 往洪雅的山区走，最能感受洪雅形象宣传语"要想身体好，常往洪雅跑"的美好。

OLD TASTES **029**

# 木香冰粉

**特点 /** 甜香滑嫩，木香爽口宜人

**味型 /** 甜香木姜味　　**烹调技法 /** 冻

**原料：** 冰粉籽 100 克，凉开水 5000 克

**调味料：** 澄清石膏水 400 克（做法见 055 页），红糖 500 克，清水 500 克，木姜油 2 克

**做法：**

❶取一汤锅，放入红糖、清水，以小火熬化后即成红糖水，备用。❷冰粉籽淘洗干净后用布袋装好，扎紧袋口，放入盛有凉开水的容器内，用力搓揉。❸搓揉至冰粉籽中的可溶性物质充分溢出，手感腻滑、黏稠，即成冰粉液。❹将石膏水分多次加入冰粉液搅拌均匀，当略呈凝固状时即可，放入冰箱冷藏约 1 ~ 2 小时至凝固。❺待凝固后，盛适量入碗中，加入红糖水 10 克、木姜油 1 滴即可食用。

**美味秘诀：**

❶石膏水不一定全加，应边加边搅拌，当感觉有点凝固时，就不需再加，即可放入冰箱冷藏凝固。❷市场上还有另一种冰粉籽，是灌木"薜荔"的种子，又名野冰粉籽或木莲籽、爱玉籽，多野生，少数人工种植。这种冰粉籽搓浆后不需要任何凝固剂就可以自然凝固，一样伴有植物清香。

OLD TASTES 030
# 软粑子

**特点** / 松软嫩粑，口齿留香，营养美味

**味型** / 咸鲜味　**烹调技法** / 摊

**原料**：鸡蛋 2 个，面粉 200 克

**调味料**：川盐 5 克，清水 200 克

**做法：**

❶将鸡蛋、川盐和清水一起调入面粉中，制成面糊。❷平底锅里放少许油，大火烧热后转小火，舀入适量面糊，摊成薄饼，煎烙至熟。❸重复做法❷至全部面糊摊完。

**美味秘诀：**

❶鸡蛋不宜过多，不然就成鸡蛋饼，少了面粉的香味。❷调好的面糊的稀稠度，以搅动后划痕能很快消失为宜，不消失就是太浓，完全不见划痕就是太稀。❸摊制过程中以均匀的中小火为宜，不均匀或火大了，容易外表焦煳里面夹生。❹根据个人口味，可以用牛奶代替清水，也可用白糖代替川盐，调制成香甜味。

软粑子是洪雅人家的家庭快餐，制作简单快速，摊好后可直接用手撕着吃，也可用刀切成规则的形状后食用。常见于四川多数农村，又叫粑面子。软粑子软和而香，可以单吃，也可替代米饭，当作主食就着菜品一起食用，或是像河粉一样，回锅再用猪油和香葱炒一下，又是另一番风味。

**雅自天成**▲ 位于县城的"洪雅广场"，是城市居民主要的运动、休闲去处。

中山乡农贸市场的夹饼摊摊。

**洪州风情 ｜夹饼摊摊｜** 据说 1960 年代，曾有一卖凉粉的周老板拥有一手持 5 个碗，另一手舀料调味的绝技，只见 5 个碗在手上摇摇晃晃，就是不会跌落，料汁也不滴不漏，卖凉粉玩到如此境界，不像是做买卖，更像是玩魔术，十分精彩。

四川·成都／

# 世外桃源酒店

进 · 则人间奢华　驻 · 则人间仙境

**推荐菜品：**

❶青芥酱雪花牛肉❷巧拌萝卜皮❸青椒炒土鸡❹香水草原肚❺舌尖上的味道

**体验信息：**

地址：成都市武侯区科华北路 69 号

藤 椒 风 味 体 验 餐 厅

四川·成都/

# 卡拉卡拉漫温泉酒店

菜品如人品　基本功是创新的根本

**推荐菜品：**

❶藤椒牛杂玉米饼❷藤椒文化竹筒参❸兰豆藤椒牛肉粒❹南笋藤椒梅花鹿

**体验信息：**

地址：成都市金牛区解放路一段 192 号

重庆／

# 陶然居

美食在重庆，醉美（最美）老重庆！古朴明清风，亲朋忆相逢！

**推荐菜品：**

❶陶然土鳝鱼❷清一色香肺片❸鸡丝凉面❹木盆仔姜鲜椒兔❺特色椒香鸡

**体验信息：**

地址：重庆市江北区鸿恩寺森林公园旁陶然大观园内（老重庆店）

# 第五篇 经典藤椒风味菜

## CLASSIC

　　经典藤椒菜品的基本特点就是藤椒清香麻风味鲜明，又因诞生于物资运输便利、人员交流紧密的现代，在选料、调味上相对不拘一格，工艺上烧、煮、炒、爆、溜、炸、拌、淋皆可适应，冷热菜不限，且成菜色泽清爽，又有可浓可艳等的特色，大大区别于川菜其他味型的局限性。

CLASSIC **031**

# 藤椒拌清波

**特点** / 鲜嫩麻香，酸辣爽口

**味型** / 藤椒酸辣味　　**烹调技法** / 汆、拌

　　热拌凉菜是近几年川菜比较流行的一种新吃法，先热烹主食材，起锅后随即浇入凉味汁，此类型凉菜一般以藤椒酸辣味为主，可称为温凉菜，因为有些温度，入口后可吃到更多鲜美的滋味。目前最常见的就是热拌鱼系列，除清波鱼外，鲫鱼、草鱼、鲤鱼等均可用此烹法。

## 原料：

清波鱼 1000 克，雅笋丝 100 克，粉丝 100 克，青美人辣椒粒 10 克，小米辣椒粒 5 克，藿香碎 15 克，姜末 5 克，蒜末 8 克，蛋清 60 克，生粉 10 克

## 调味料：

川盐 4 克，味精 2 克，白糖 8 克，蒸鱼豉油 5 克，辣鲜露 5 克，生抽 5 克，醋 10 克，藤椒油 15 克，料酒 10 克，胡椒面 1 克，菜籽油 30 克

## 做法：

❶清波鱼宰杀治净，把鱼头、鱼骨和鱼肉分开，鱼头和鱼骨加川盐 2 克码味，将鱼肉片成薄片，加川盐 2 克、料酒、胡椒面和蛋清、生粉码味上浆。

❷取一汤碗，将姜末和蒜末、青美人辣椒粒、小米辣椒粒放入。锅内放菜籽油烧热，冲入碗中，把姜蒜辣椒激出香味。

❸接着调入川盐、味精、白糖、蒸鱼豉油、辣鲜露、生抽、醋和藤椒油即成味汁。

❹锅内掺水，大火烧开后，转小火，先下鱼头、鱼骨和雅笋丝、粉丝焯熟，起锅装入盘中垫底。

❺锅中下入鱼片，焯熟起锅装盘，淋上做法❸调好的味汁，再撒上藿香碎即成。

## 美味秘诀：

❶鱼肉务必码匀入味，主要味道都在味汁里，若是鱼肉本身底味不足容易吃出腥味，且吃起来会有寡淡不入味的感觉。

❷味汁的口味需要适当重一些，因鱼肉片浆过，味道较不易裹足。

❸汆鱼片时要注意火候控制，以汤水沸而不腾最好，以免冲破鱼肉。

**雅自天成▲** 藤椒产季，农民在椒林间忙采收。

**洪州风情 | 玉屏山 |** 位于洪雅县城西南，为南北走向的平顶山冈，天晴时在城内往西望去，即可见其横亘天际，就像一座绿色屏风，全长 11 公里，最高处海拔 1382 米。又因历史记载的洪雅名人、科考上榜人才的出生地多在玉屏山周边，洪雅人尊崇玉屏山为"洪雅文脉"。

玉屏山，前方为花溪场镇。

CLASSIC **032**

# 洪州酸菜鱼

**特点** / 汤鲜肉嫩，酸辣味美，风味别致

**味型** / 藤椒酸辣味　　**烹调技法** / 烧

**原料：**

花鲢鱼1条（约2000克），鲜米线300克，泡姜碎15克，泡豇豆碎10克，泡萝卜碎10克，泡酸菜碎100克，野山椒碎10克，蒜苗花15克，韭菜花10克，新鲜藿香叶碎5克，鸡蛋清50克

**调味料：**

川盐3克，味精2克，鸡精3克，猪油30克，鸡油20克，菜籽油50克，生粉10克，料酒15克，胡椒面1克，藤椒油20克

**做法：**

❶花鲢宰杀洗净，取下肉片并片成片，带骨的部分斩成小块。

❷将处理好的鱼片、鱼块放入盆中，加川盐、胡椒面、料酒、鸡蛋清和生粉码匀，腌制约10分钟，使其入味。

❸锅内放猪油、鸡油和菜籽油，烧热后下泡姜碎、泡豇豆碎、野山椒碎、泡萝卜碎、泡酸菜碎等炒出香味，放入鱼头和鱼骨一同翻炒至熟透后，加入1000毫升水。

　　酸菜，古称菹（音同租），是所有青芥菜或白菜经发酵后制成的各种酸菜总称。每年到了秋天，白菜、青菜收获的季节，各家各户都会腌泡酸菜。酸菜在日常饮食中可以是开胃小菜、下饭菜，也可以作为调味料来制作菜肴，比较出名的有东北酸菜、四川酸菜、贵州酸菜、云南富源酸菜等，不同地区的酸菜滋味和风格也不尽相同。

　　在川菜地区，酸菜多特指青菜（大叶芥菜）通过泡菜工艺制成的，又叫"泡酸菜"。1990年代初，从重庆流行起来的"酸菜鱼"，就是用泡酸菜烹鲜鱼，成菜酸香微辣，鱼肉细嫩，十分爽口。而洪雅地区的酸菜风味菜肴多喜欢加一点藤椒油，当酸菜鱼流行之际，藤椒风味的酸菜鱼自然应运而生。

❹以中大火持续滚煮鱼汤约10分钟，调入川盐、味精、鸡精，捞出煮熟的鱼骨和鱼头垫在盘底，下入鲜米线略煮后转小火。

❺然后下码好味的鱼片滑熟，淋入藤椒油推匀后起锅，连汤一起装入盘中，撒上蒜苗花、韭菜花、藿香叶碎即可。

**美味秘诀：**

❶将泡酸菜等料炒香放入鱼骨块后，应用大火滚煮，汤色与滋味才浓厚。

❷使用猪油、鸡油和菜籽油组合的混合油，成菜的脂香味才丰富，同时能减少酸菜的酸涩感。

❸藤椒油和新鲜藿香叶的香气突出而清爽，在此菜中起到定味型的画龙点睛的作用。

❹新鲜米线的加入能使成菜的分量足，食用时因其吸饱汤汁，更能体验藤椒酸辣味的魅力。也可以红苕粉或绿豆粉等替代。

**洪州风情 | 高庙 |**

　　高庙位于洪雅县城西南36公里的峨眉山北麓，是花溪河的源头所在，故有"花溪源"之称。古镇仍留存有清代光绪文生李芳联篆刻的县级保护文物"花溪源"石刻。花溪源山泉甘洌，适于酿酒，山区盛产玉米杂粮，为酿酒提供了价廉物美的绿色环保原料，酿制出的高庙白酒醇香爽口，回味无穷，口感不亚于知名品牌的白酒。高庙古镇地处峨眉、雅安、洪雅旅游金三角中心地带，独具旅游发展潜力。

**雅自天成▲** 位于东岳镇的藤椒基地，天气好时可眺望玉屏山、峨眉山及瓦屋山。左图椒树后方远处即为峨眉山。

CLASSIC **033**
# 藤椒黄辣丁

**特点** / 鲜美嫩滑，清香酸爽，回味无穷
**味型** / 藤椒酸辣味　　**烹调技法** / 烧

**原料：** 野生黄辣丁1000克，泡姜50克，泡酸菜100克，泡野山椒20克，泡红辣椒20克，新鲜藿香叶6片

**调味料：** 川盐2克，味精2克，鸡精3克，鲜汤1000克，胡椒面1克，藤椒油20克，料酒20克，混合油50克（猪油25克、菜籽油25克混合即成）

**做法：**

❶黄辣丁宰杀治净，加川盐、胡椒面和料酒码匀，静置约10分钟使其入味。

❷泡姜切碎，泡酸菜切小块，泡野山椒、泡红辣椒切圈，藿香叶切条状，备用。

❸锅内放混合油加热，下泡姜碎、泡酸菜块、泡野山椒圈、泡红辣椒圈等炒出香味，掺入鲜汤，调入川盐、鸡精、味精，中大火煮开后转中小火煮约3分钟。

❹接着下码好味的黄辣丁，烧开后改小火煮熟，最后下藤椒油推匀后起锅装盘，撒上藿香即成。

**美味秘诀：**

❶汤的量要足，才利于后面烹煮黄辣丁。

❷须将炒好的泡酸菜等辅料的滋味煮出来后再煮鱼，成菜才能有滋有味。若没有鲜汤，可用清水替代。

❸黄辣丁下锅后火不能大，以中小火或小火为主，采用半焖半煮的方法使其成熟，以保证成菜后形整且肉质细嫩。

❹加入泡姜、泡辣椒可进一步去除、去除黄辣丁的腥味，同时增加微辣口感与酸香的层次感。

　　黄辣丁外形有点像长了鳍的泥鳅，但是肉质细嫩鲜美且无细刺，鱼虽小却十分便于食用。学名为黄颡鱼，主要生活在湍急清澈的溪流中，四川地区主产于岷江上游，四川省外还有嘎牙子、黄鳍鱼、黄刺骨等的地方名称。

**洪州风情｜修文塔｜**

　　修文塔位于余坪镇白塔村，据文献记载建于明代万历年间（1573—1619年），为砖石结构的十三层宝塔。曾遭雷击而损毁，于清嘉庆十八年（1813年）进行重修，是眉山市重点保护古迹。每逢晴天，由洪雅县城向东南远眺，即可看见矗立于青衣江东岸的修文塔倩影，是洪雅的一大景观。

**雅自天成▲** 洪雅县除了种植藤椒，茶叶也是传统的重点产业，广植于全县境内的低山丘陵、平坝。

CLASSIC **034**

# 藤椒全鱼

**特点 /** 色泽浓郁，香麻爽辣，鲜嫩无比

**味型 /** 藤椒香辣味　　**烹调技法 /** 蒸、淋

　　青衣江穿洪雅县境而过，因流速快、水质佳、水温相对较低，使得洪雅境内的水产河鲜成为老饕味蕾上的极品。此菜选用洪雅境内以江水养殖的鲤鱼，肉质紧而味鲜，在藤椒味的基础上调入多种鲜辣椒与辣味酱料，形成藤椒香辣味烘托鱼鲜味，成菜后，鲜嫩与椒香交融，滋味是爽香微辣，麻感绵长。

## 原料：

鲤鱼 1 条（约 750 克），青美人辣椒圈 20 克，红美人辣椒圈 15 克，小米辣椒圈 5 克，老姜 20 克，大葱 15 克

## 调味料：

川盐 4 克，味精 3 克，老干妈豆豉辣椒酱 20 克，姜末 5 克，蒜末 10 克，蒸鱼豉油 5 克，辣鲜露 5 克，菜籽油 20 克，藤椒油 10 克，料酒 10 克，胡椒面少许

## 做法：

❶鲤鱼宰杀、去鳞、洗净，在鱼身两面剞十字花刀。

❷将治净的鲤鱼放入深盘，加川盐 3 克、胡椒面、老姜（拍破）、大葱（切段，拍破）和料酒，抹匀后腌制入味，约 10 分钟。

❸腌制入味的鱼，挑去姜葱，上蒸笼用大火蒸 20 分钟。

❹炒锅内放菜籽油，下姜蒜末，青、红美人椒圈，小米辣椒圈和老干妈豆豉辣椒酱炒出香味，然后调入川盐 1 克、味精、蒸鱼豉油、辣鲜露和藤椒油，起锅淋在蒸熟的鱼身上即可。

## 美味秘诀：

❶此菜是以挂汁的方式成菜，鱼本身须有足够的底味，因此鱼身上剞十字花刀的目的除了便于成熟，更重要的是腌制入味。

❷鱼本身底味不足时容易出腥味，入口时也会产生浇汁与鱼肉滋味不相融的感觉。

❸此菜突出藤椒与鲜椒的香辣风味，注意酱味调料的比例，避免掩盖鲜椒的滋味。

❹炒制浇汁时，因老干妈豆豉辣椒酱、蒸鱼豉油、辣鲜露都带咸味，要注意川盐的用量。

**雅自天成▼** 青衣江水质良好，水量充足且水资源丰富，为四川少数未被污染的河流之一。图为青衣江流经县城的夕阳美景。

CLASSIC **035**

# 一品茄子

**特点** / 外酥内嫩，风味别致

**味型** / 藤椒鱼香味　**烹调技法** / 炸、淋

　　茄子属于茄科家族中的一员，是为数不多的紫色蔬菜之一，也是餐桌上十分常见的家常蔬菜。这里运用川菜的调味功夫与烹饪工艺，让寻常的食材成为让人惊艳的精致佳肴。

**原料：**长茄子 300 克，瘦猪肉 200 克，姜末 7 克，蒜末 5 克，鸡蛋 1 个，生粉 30 克，青、红美人辣椒粒各 10 克，西蓝花 80 克

**调味料：**川盐 5 克，味精 2 克，蚝油 5 克，醋 10 克，白糖 10 克，藤椒油 10 克，菜籽油 15 克，水淀粉 10 克，鲜汤 15 克

**做法：**

❶茄子切成五连刀的段，6 段，各长约 7 厘米。

❷西蓝花切成 6 份，入热水锅焯熟、冲凉后沥水，待用。

❸将生粉放入碗中，加水调成二流状面糊，备用。

❹将瘦猪肉剁碎后加川盐 2 克、姜末 2 克、鸡蛋和生粉搅打至能成团后即成馅料。

❺将五连刀茄子段的刀口中抹上生粉，再将瘦猪肉馅嵌入，接着抹上一层薄面糊后，下入五成热的油锅炸熟且表皮酥脆，捞起沥油后，盛入小盘中，一盘一个。

❻取净锅开中火，倒入菜籽油，下青、红美人辣椒粒，蒜末和姜末 5 克爆出香味，掺入鲜汤，调入蚝油、白糖、醋、味精和川盐后煮开。

❼加入水淀粉勾薄芡，烹入藤椒油，即可起锅浇在盘中茄子上，再配上一朵焯熟的西蓝花即可。

**美味秘诀：**

❶茄子可以炸两次，第二次油温可以适当提高，时间相对短，其表皮将更加酥脆。

❷茄子刀口抹上生粉的目的是让嵌入的肉馅能粘住，避免散落。

---

**洪州风情 | 圣母庙 |**

　　洪雅柳江古镇街道后的圣母山上，有座圣母庙。据民间传说，玉皇大帝的外甥女华山圣母幻化为游方道姑，为人看病、算命，替人治病消灾，为柳江及洪雅山区七个乡镇的百姓做了不少善事。后来被召回天庭，柳江百姓为感念圣母恩德，将其住过的山头改名圣母山，并在山上修建了圣母庙，朝夕焚香叩拜，以示感恩。

CLASSIC **036**

# 藤椒碧绿虾

**特点** / 黄绿相间，椒葱香浓郁

**味型** / 藤椒葱香味　　**烹调技法** / 炸、淋

　　此菜品在呈碧绿色的传统椒麻味基础上创新，在面糊的调制上借鉴了西餐概念与调料，因此餐饮市场接受度高，是近几年新派川菜中较为流行的新式酱汁。这里用藤椒油加小香葱叶和青美人辣椒制作，是多种流行方法之一，也可使用其他绿色香料或带有特殊芳香味的蔬菜制作，风味各异。此类酱汁广泛运用于热菜蘸酱或凉菜拌制中。

**原料：**

基围虾 200 克，鸡蛋 1 个，面粉 3 克，泡打粉 3 克，生粉 3 克，小香葱叶 15 克，青美人辣椒 10 克

**调味料：**

川盐 2 克，炼乳 3 克，水淀粉 10 克，藤椒油 4 克，色拉油适量

**做法：**

❶ 去除基围虾的头和壳，保留虾尾，去除虾线后洗净，沥水。

❷ 取一深盘，下入泡打粉、生粉、炼乳、面粉和鸡蛋液调成脆浆糊。

❸ 将小香葱叶、青美人辣椒切碎，放入捣泥臼中，加川盐、藤椒油捣成泥状，再下入四成热的油锅中小火炒香，以水淀粉勾薄芡后即成碧绿酱汁，盛起备用。

❹ 抓住基围虾尾，让虾身均匀裹上一层脆浆糊后，下入六成热的油锅内炸熟且金黄，起锅沥油摆入盘中。

❺ 将碧绿酱汁淋在盘中虾上即可。

**美味秘诀：**

❶ 调制味道时，注意各料的比例，避免产生怪异感。

❷ 碧绿酱汁可批量制作，但须当餐用完，放置时间过久会颜色发暗，看了没食欲。

**洪州风情 | 康养休闲园区 |** 位于洪雅县的峨眉半山七里坪康养休闲园区，其地理位置在蜀山二雄峨眉山和瓦屋山之间，海拔 1300 米左右，加上森林覆盖率达 90%，平均气温比周边城市低 6 ~ 8℃，是绝佳的避暑胜地。七里坪总面积 12 平方公里，被峨眉山、瓦屋山 300 多平方公里的森林所环抱，空气中的负氧离子含量达到 18000 个单位，较一般城市高将近 400 倍，是天然氧吧，成为人们心目中的康养圣地。

CLASSIC **037**

# 藤椒肘子

**特点** / 鲜香炟软，肥而不腻

**味型** / 藤椒酸辣味　　**烹调技法** / 炖

　　肘子类的菜肴一直都是洪雅民间九大碗的大菜，因其丰腴形整，寓意圆满，另外就是早期资源不丰富时，端出"大肉"菜肴是主人展现满满的待客诚意的具体表现。猪肘子也称蹄髈，分为前肘、后肘，前肘骨头小、肥肉少、瘦肉多，不易腻，对现今食客来说是此菜的最佳选择；后肘则皮厚、筋多、胶质重。

## 原料：

猪肘子 1 个（约 1000 克），蒜末 30 克，姜末 20 克，葱花 20 克，青美人辣椒碎 60 克，青小米辣椒碎 15 克，老姜块 60 克，葱 80 克

## 调味料：

川盐 5 克，味精 3 克，料酒 15 克，醋 35 克，白糖 10 克，生抽 15 克，藤椒油 30 克

## 做法：

❶猪肘子修整后焯水。捞起后用清水冲凉，再挑净皮上的毛。

❷取适当的汤锅，加入约 4.5 升的清水，放入老姜块（拍破）、葱（挽结）、料酒和处理干净的猪肘子。

❸开中火煮开后，转小火炖至㸆糯，约 3 小时，起锅装入深盘中。

❹取一汤碗，放入姜末、蒜末、醋、白糖、味精、生抽、青美人辣椒碎 50 克、青小米辣椒碎、藤椒油和炖肘子的热鲜汤 200 克，调制成味汁，淋在盘中肘子上，撒上青美人辣椒碎 10 克即可。

## 美味秘诀：

❶修整猪肘子时，皮面要留长一点，加热后皮面收缩，才能恰好包裹住肉，确保菜肴形体整齐美观。因猪肘子皮面胶质丰富，加热后，相对于脂肪与肌肉组织皮面收缩得较多，如果留的皮面与肌肉并齐或小于肌肉，烹煮后就会因收缩而使皮面容易脱落，致使肉的部分散碎。

❷若想节约时间，可用高压锅来压煮，但做出来的肘子相对易碎，影响成形且滋味较寡淡。

❸酸辣味十分解腻，搭配肘子非常美味，加藤椒油更增加了清香麻风味，滋味绝妙。

**雅自天成** ▲在玉屏山上可眺望张桥的梯田美景，同时欣赏到玉屏山周边多为平顶山的独特地理景观。

CLASSIC **038**

# 藤椒钵钵鸡

**特点** / 清香麻味绵长，串串鲜香，肉香弹牙

**味型** / 藤椒鲜椒味　　**烹调技法** / 煮、浸

## 原料：

治净土公鸡 1 只（含内脏，约 1500 克），青美人辣椒圈 5 克，红美人椒圈 15 克，老姜（拍碎）50 克，大葱节 50 克，竹扦适量

## 调味料：

川盐 20 克，味精 2 克，鸡精 3 克，胡椒面 2 克，料酒 20 克，糖 5 克，藤椒油 15 克

## 做法：

❶ 取一适当汤锅，下入冷水，水要能淹过鸡，再放大葱节、老姜、胡椒面、川盐 12 克和料酒，开大火烧沸。下入洗净的土公鸡及其内脏。

❷ 再次烧开后转小火煮约 20 分钟至熟。关火并捞出土公鸡及其内脏摊于平盘上晾凉。煮鸡的汤也放凉备用。

❸ 放凉后，土公鸡去骨，片成小薄片，内脏改刀或切片，每根竹扦串上 2 ~ 3 片。

❹ 取一钵，调入川盐 8 克、味精、鸡精、糖、藤椒油、青、红美人辣椒圈，再加入放凉的鸡汤 600 克搅匀，放入鸡肉串浸泡即可。

钵钵鸡是洪雅地区的传统特色小吃，"钵"是指开口较宽，比盆深的容器，这小吃刚出现时，也没有具体名字，因串好的鸡肉泡在大钵的汤汁中，大钵成了鲜明特点，于是就被称为"钵钵鸡"。据说从清末就出现钵钵鸡这一小吃，迄今已有一百多年历史。早期多是一或二人抱着钵钵流动贩售，现多在面摊或小饭馆，并且成了洪雅多数餐馆酒楼一道特色菜。钵内盛放调配好的藤椒鲜辣味汤料，将煮熟的全鸡经切片或修整后，用竹扦串起浸于调料中，食用时自取自食，数扦算钱。

**美味秘诀：**

❶煮鸡时应沸水下锅，随着加热，鸡肉表面的蛋白质迅速受热凝固，能将风味物质有效锁在鸡肉内部，滋味更丰富。

❷鸡肉串在汤汁中浸泡几分钟，可以更入味。

❸此菜品也可做成红油味，汤料配方、做法如下：

取一汤钵，放入川盐 15 克、味精 5 克、鸡精 5 克、藤椒油 35 克、红油辣子 200 克、糖 20 克、冷鸡汤 1000 克搅匀，即成红油味汤料，放入鸡肉串浸泡 1 ~ 2 分钟即可食用。

**洪州风情 | 天下第一钵 |** 德元楼虽是地方酒楼，但对于洪雅饮食文化的传承推广不遗余力，其招牌菜"钵钵鸡"曾在 2004 年 12 月 18 日载入"上海大世界吉尼斯"记录的"天下第一钵"。当时特制了一个大木钵，里面装入 400 千克鸡汤，调入 10 千克藤椒油，再放入上万支串着鸡肉片的竹扦，成了当时世界最大的钵钵鸡菜品，可以同时供数百人围着这个大钵大快朵颐，场面非常壮观。照片中的大钵是作为纪念的复制品，因当年用瓦屋山杉木箍制的大木钵早已朽坏。

CLASSIC **039**

# 藤椒肥牛

**特点** / 鲜香爽口，酸辣开胃，藤椒清香悠长
**味型** / 藤椒酸辣味　　**烹调技法** / 煮

**原料：**

肥牛片 200 克，金针菇 80 克，青笋丝 100 克，青美人辣椒圈 10 克，红美人辣椒圈 5 克

**调味料：**

川盐 2 克，味精 2 克，姜末 3 克，蒜末 5 克，黄灯笼辣椒酱 50 克，泡野山椒碎 10 克，藤椒油 20 克，鲜汤 500 克，菜籽油 20 克

**做法：**

❶锅内放菜籽油，开中火烧热，下姜末、蒜末、黄灯笼椒酱和泡野山椒碎炒香，掺入鲜汤烧开。

❷调入川盐和味精，再下入金针菇和青笋丝焯熟，熟后捞起来铺在深盘底。

❸改中小火，往汤中下肥牛，焯熟后起锅，连汤一起装入深盘。

❹另取一净锅，在锅中加藤椒油，中火烧至四成热，下青、红美人辣椒圈炒香，起锅淋在盘中肥牛上即可。

**美味秘诀：**

❶泡野山椒有两种，此菜选用偏金黄色的野山椒，色泽味道都较好，酸爽开胃。另

　　酸汤肥牛是很多川菜馆的常见名菜，至关重要的是汤的调味，需展现出一种特殊的酸香辣。其关键就是选用海南省黄灯笼辣椒酱，不仅能赋予菜品特殊的酸香辣，还能使汤色呈金黄色，十分诱人，另加入泡野山椒则能使酸香辣更丰富，在此基础上添加藤椒油激香的鲜青红辣椒，风味变得更加独特而鲜香诱人，轻度的麻辣口感更是让人停不下筷子。

一种灰绿色的野山椒酸香味低、偏咸且颜色也不适合用来做这道酸汤肥牛。

❷搭配的辅料除了青笋丝和金针菇，还可以放粉丝、丝瓜和木耳，能让口感、颜色都更丰富。

❸若需要明显一点的酸味，可在起锅前加入一点白醋，但不能加多，否则酸味不自然，还可能变得太酸而破坏该有的风味。

**雅自天成▲** 洪雅中山乡秀丽舒心的茶园风景。

**洪州风情｜中山乡｜** 洪雅中山乡位于城北 15 公里处，乡名源自其地形为三座山包中间夹一块平坝，百姓惯称中山坪，故而建乡即取其前两字为名。中山乡是一个相对来说特点较不鲜明的乡镇，也因此，外地人多不熟悉，不过在近代出过两个享誉学术界的人物，即数学家萧开泰、萧洁尘父子俩，其中萧开泰还可能是全世界第一台太阳灶的发明人！

CLASSIC **040**

# 藤椒腰片

**特点** / 麻辣酸香，色泽金黄
**味型** / 藤椒酸辣味　**烹调技法** / 汆、拌

在传统由"以形补形"的思想的引导下，猪腰成了养肾食材，也因此成了上得了台面的菜。然而猪腰本身的燥味较浓，对前处理与调味要求较高，洪雅多习惯以藤椒油调味，以起到去燥增香之效。现加入酸香辣的黄灯笼辣椒酱，成菜更加香鲜爽口，配上猪腰的独特软脆口感，可以说是美味、食养兼具的菜品。

**洪州风情 | 桃源乡 |**

位于洪雅县城东南的群山中，清嘉庆《洪雅县志》记载的"桃子场县南八十里"指的就是此处。乡名源自历史上境内曾有大片桃树林，俗称桃子园，场名桃子场。后用同音字"源"取代"园"而叫桃源乡，寓意该地为世外桃源。

桃源乡地处山区，交通相对不便，直到1970年代才通公路，漫步在场镇老街上，祥和的生活气息确实让人有"世外桃源"之感。

**原料**：猪腰 400 克，金针菇 100 克，青笋丝 30 克，黄灯笼辣椒酱 40 克，青美人辣椒圈 5 克，红美人辣椒圈 5 克，生粉 5 克

**调味料**：川盐 3 克，味精 2 克，姜末 5 克，蒜末 6 克，白醋 5 克，胡椒面 1 克，藤椒油 10 克，料酒 15 克，鲜汤 150 克，菜籽油 30 克

## 做法：

❶金针菇洗净，切段，备用。❷猪腰除去腰臊，片成薄片，用川盐、胡椒面、料酒和生粉码味上浆。❸炒锅下入菜籽油，中火烧至四成热，下姜蒜末、黄灯笼辣椒酱炒香，接着下入鲜汤煮开。❹调入川盐、味精，再下金针菇段、青笋丝，煮熟后捞出，置于深盘中。❺下入腰片，淋入白醋和青、红美人辣椒圈，断生后淋入藤椒油，随即推匀起锅，连汤汁一起倒在煮熟的金针菇和青笋丝上即可。

## 美味秘诀：

❶片好的腰片除清水漂洗外，最好用姜葱水浸泡后再用清水漂两次，以有效去除臊味。❷腰片入锅后，需掌握好时间，断生就起锅，以免汤汁余温产生的后熟现象导致口感变老。

CLASSIC **041**

# 火爆肚头

**特点** / 成型美观，质地脆嫩，清香微辣
**味型** / 藤椒鲜辣味　　**烹调技法** / 爆

　　川菜以调味见长，而形成名菜多是家常菜的特殊现象，也产生另一特点，就是任何食材都能烹制成佳肴，所谓"边角余料的胜利"。这道火爆肚头就是一个典型，通过刀工、调味、火候，让一种不起眼的食材有了极妙的口感与滋味。刀工让肚头的老韧变得适口，藤椒油的清香麻让滋味爽口，爆炒的火候确保口感脆嫩。

**原料：** 鲜猪肚头 300 克，鲜木耳 50 克，青甜椒 20 克，红美人辣椒 15 克，小香葱段 10 克

**调味料：** 食盐 5 克，味精 3 克，胡椒面 1 克，豌豆粉 3 克，白糖 2 克，清水 10 克，菜籽油 10 克，藤椒油 10 克

**做法：**

❶切开猪肚头使其可摊成片状，剞上十字花刀，再改刀成宽条状，用盐 3 克、胡椒面腌制 5 分钟。❷青甜椒切条状，红美人辣椒切成菱形片，鲜木耳切块，备用。❸取一碗放入清水、盐 2 克、味精、白糖、藤椒油、豌豆粉调匀成为滋汁。❹锅中加入菜籽油，中大火烧至六成热，下入肚头条爆熟。❺开始爆肚头条约 10 秒后，放入鲜木耳块、小香葱段、青甜椒条、红美人辣椒，倒入滋汁，翻炒至均匀、断生后即可盛盘。

**美味秘诀：**

❶猪肚头务必清洗干净，避免残留腥味。❷控制好火候，一断生就要起锅，口感才不会老韧。❸此菜品是刀工火候菜，剞十字花刀要均匀，深度要够但不能断，爆熟后肚头条才能很好地展开如花，且让口感变得脆嫩。

**雅自天成▲** 丰收的季节，农村里的晒坝晾晒着黄澄澄的玉米。

CLASSIC **042**

# 双椒爆甲鱼

**特点** / 滑糯微辣，色泽清爽，椒香宜人

**味型** / 藤椒香辣味　　**烹调技法** / 爆、炒

**原料：**

甲鱼 1 只（约 750 克），青美人辣椒段 30 克，小米辣椒段 15 克，冰鲜青花椒 10 克，大葱段 20 克

**调味料：**

川盐 6 克，味精 3 克，料酒 15 克，生抽 5 克，蚝油 8 克，熟香菜籽油 30 克，藤椒油 10 克

**做法：**

❶ 甲鱼宰杀理净，砍成小块，用料酒、川盐 3 克、大葱段腌制约 5 分钟。

❷ 腌制好的甲鱼块过一下清水，洗去腌料后沥干水分。

❸ 锅里加菜籽油大火烧至六成热，放入甲鱼爆炒至熟。

❹ 下入青美人辣椒段、小米辣椒段、冰鲜青花椒，调入川盐 3 克、味精、生抽、蚝油炒入味。

❺ 调入藤椒油，翻炒均匀起锅即成。

**美味秘诀：**

❶ 处理甲鱼时务必将血放净，避免出现腥味。

❷ 洗去腌料时只需将外表冲净即可，成菜色泽较为净爽。避免泡水，否则腌入的味会被冲淡。

　　甲鱼相关菜肴因具有食疗滋补的附加价值，加上是全只入菜，传统上一直归属于宴席大菜，多半采用烧或炖的工艺成菜，因此烹调过程中有足够的时间入味，较少出现味不足而吃到腥味的情况。此菜品采用爆炒工艺成菜，品相清爽，香辣诱人，只是烹调时间极短，对于食材鲜度与底味的处理要求较高。

---

**洪州风情** | **柳江** |

　　柳江究竟何时建镇，说法不一，有南宋说，也有清初说，但有一点不容置疑的就是：柳江名胜古迹遗迹甚多，如唐代建的三华寺遗迹，明代建的目禅寺遗迹，中西合璧的曾家园，老街下场口一排吊脚楼的王家园子，清代书法家张带江的故居张家店、石柱房等，这一切充分说明柳江是个历史悠久的古镇。

曾家园一景。

临河而建的王家园的吊脚楼。

CLASSIC **043**

# 剁椒牛肉

**特点** / 椒香清鲜，肉香带劲

**味型** / 藤椒烧椒味 　　**烹调技法** / 煮、拌

**原料：**

牛腱子肉 800 克，青二荆条辣椒 100 克，蒜末 10 克，芹菜碎 5 克，香菜碎 3 克，葱花 8 克，老姜 30 克，大葱 50 克

**调味料：**

川盐 12 克，味精 1 克，香料（八角 5 克，三奈 2 克，干辣椒 5 克，干花椒 2 克），熟香菜籽油 10 克，藤椒油 10 克，清水 2000 克

**做法：**

❶牛腱子肉洗净，先焯一水，然后放入高压锅中，加川盐 10 克、香料、老姜（拍碎）、大葱和清水，锁好锅盖，大火煮开再转中火压煮约 35 分钟，确实泄压后，打开锅盖，将牛腱子取出晾凉。

❷青二荆条辣椒用中小火烧烤至外皮呈虎皮状时（不规则焦褐色状）离火，略凉后去皮。

❸去好皮的青二荆条辣椒用凉开水洗净后剁碎，纳碗，加大蒜末、芹菜碎、香菜碎、葱花等，调入川盐 2 克、味精、熟香菜籽油和藤椒油做成烧椒酱汁。

做好烧椒菜独特的风味关键，除了选用辣椒香较足的青二荆条辣椒外，另一关键就是菜籽油的使用，特别是物理压榨、未被除味的菜籽油，其独特的气味是烧椒酱与多数川菜特有香气的重要来源。也因此，许多川菜菜品离开了菜籽油，就少了地道的感觉，甚至做不出该有的四川风味，可以说菜籽油在川菜中的地位，就像特级橄榄油在西餐中的地位，具有不可替代性！

❹将做法❶晾凉的熟牛腱子肉切成薄片装盘，浇上调好的烧椒酱汁即成。

**美味秘诀：**

❶煮牛肉类似白卤，目的是让牛肉有底味，要避免添加有色调味品。

❷牛肉晾凉后再切片，更容易成形，且需要横切，即刀口要与肉纤维呈直角。

❸压煮牛腱子时避免将肉压炳了，保留适当的嚼劲更能吃到肉香味。

**洪州风情** | **林场** | 洪雅林场地处四川盆地西部边缘的眉山市洪雅县境内，是四川省最大的国有林场，始建于 1953 年，经营总面积 93.9 万亩。1998 年起，天然资源保护工程实施后，林场积极转型，按照"在保护中发展，在发展中保护"的原则，先后对瓦屋山原始森林区、玉屏人工林海区进行森林旅游开发，转型成功后，目前拥有一年 150 万人次的旅游接待能力。2008 年后更引进 "森林康养"这一先进理念，2015 年被中国林业产业联合会授予"森林康养示范基地"称号。

**雅自天成**▲ 洪雅的森林覆盖率超过 80%，远山美景的壮丽，或山居人家的静逸祥和都令人流连忘返。

CLASSIC **044**

# 藤椒拌土鸡

**特点** / 色泽清爽，麻香鲜辣，弹牙滋润

**味型** / 藤椒鲜辣味　　**烹调技法** / 煮、拌

**原料：**

治净土公鸡 1 只（约 1000 克），清水雅笋 25 克，青美人辣椒粒 5 克，红美人辣椒粒 5 克，青葱（切马耳朵状）6 克，大葱段 6 克，老姜（拍碎）20 克

**调味料：**

川盐 3 克，味精 1 克，香料（三奈 5 克、八角 5 克、桂皮 8 克、干辣椒 5 克、干花椒 3 克），藤椒油 10 克

**做法：**

❶ 治净土公鸡清洗后，放入合适的汤锅，下入冷水，水要淹过鸡，再放大葱段、老姜和香料，大火烧开后转小火煮熟，大约 20 分钟后关火。

❷ 关火后，让鸡留在汤锅中，整锅端至一旁放凉。

❸ 清水雅笋焯水后放入盘中垫底，备用。

❹ 取一适当的汤盆，调入川盐、味精、煮鸡的鸡汤 15 克搅散。

❺ 将放凉的鸡肉捞出，斩成条放入调料盆中，再放入青葱、藤椒油和青、红美人辣椒粒轻拌，盛在做法❸的雅笋上即可。

在洪雅，虽然没有特殊品种的鸡，但因为山林面积广阔，农村多是放养在山坡林地中，白天在野地里捕虫吃草，晚上回鸡舍吃的也是玉米杂粮等。这样养出的土鸡肉香味足、口感有劲，特别适合做凉拌鸡肴。此外，洪雅地区的凉拌鸡肴口味都十分突出而美味，估计多少受到乐山名菜"棒棒鸡"的影响，因洪雅县曾归乐山市管辖。

**美味秘诀：**

❶凉拌鸡的鸡肉煮制时冷水下锅，让鸡肉的蛋白质随着水温的增加均匀凝结，加上煮好后让全鸡在汤汁中缓慢冷却，可令鸡肉香而滋润。

❷煮鸡的鸡汤除了用于调味之外，也可以用于煮菜提味或煮鸡汤面。

**雅自天成◀** 散养在洪雅藤椒林中的鸡虽非名贵品种，但因无污染、运动量足，鸡肉风味总是较外地更胜一筹。在藤椒林中养鸡还有些好处，能补肥又能减少杂草及虫害。

CLASSIC **045**
# 藤椒肚片

**特点** / 口感爽脆，滋味鲜麻

**味型** / 藤椒鲜辣味　　**烹调技法** / 煮、拌

　　早期物资不丰盛的时候，物尽其用几乎是一般百姓的共识，内脏食材因此普遍被接受。其中猪肚独特的口感与滋味更是许多人的最爱，然而清洗烦琐，没洗净就会有明显的腥臊味，这一小门槛反而让这类菜品成为工艺菜，烹调得当就能成为上档次的菜。

**原料：** 猪肚 1 个（约 1000 克），青美人辣椒粒 20 克，红美人辣椒粒 3 克，青葱（切马耳朵状）8 克，蒜末 3 克，大葱段 6 克，老姜片 15 克，料酒 20 克

**调味料：** 川盐 3 克，味精 3 克，藤椒油 10 克

**做法：**

❶猪肚治净，放入适当的高压锅内，加大葱段、老姜片、料酒、川盐和能淹过猪肚的水量。中火压煮约 45 分钟。确定完全泄压后开盖，取出猪肚泡入凉开水中。❷将凉透的猪肚斜刀切成薄片，放入盆中，调入川盐、味精、蒜末、青葱，青、红美人辣椒粒和藤椒油，拌匀盛盘即可。

**美味秘诀：**

❶挑选猪肚时不选表面过白的，因为有可能是被漂白过的，而颜色稍微发红且均匀的较好。❷如果不用高压锅，猪肚采用小火慢煮，需约 2 小时。❸将煮好的猪肚泡入凉开水的目的是避免猪肚表面颜色因为发干而变黑，成菜较清爽美观。❹猪肚基本清洗方法：a. 将猪肚剪一个小口子，把内层翻出，用小刀把上面的残留物刮干净；b. 在猪肚两面均匀抹上适量面粉（一般面粉即可），特别是猪肚的褶皱部位，那里是产胃液的地方，一定要抹上足够的面粉，面粉在这里的主要功效就是吸附猪肚里面的胃液，以有效去除臊味，用量原则是能将猪肚全部覆盖即可；c. 将覆盖着面粉的猪肚拿在手里不停搓揉，但是用力不能过大，以免将猪肚的肉纤维破坏，大约搓揉 5 分钟，用清水冲洗干净；d. 将盐抹在洗净的猪肚内外两侧，静置 5 分钟左右，再用清水冲干净即可进行烹煮。

**雅自天成▲** 槽鱼滩景区的桫椤峡，因峡中有大量从恐龙时代至今仍存在的植物活化石"桫椤树"而得名。

**雅自天成▲** 以农林业为主的洪雅县，除了旅游景点，农村的小雅之美多隐藏在乡间小路的深处。

### CLASSIC 046
# 藤椒拌豇豆

**特点** / 清脆爽口，清香悠麻，回口微辣

**味型** / 藤椒鲜辣味　　**烹调技法** / 焯、拌

　　豇豆与四季豆同为豆角类，但嫩豇豆焯水后颜色更加碧绿，口感脆嫩，而四季豆因含有皂素毒和植物血凝毒素，需要完全煮熟其毒素才能被破坏。因此，豇豆比四季豆更适合用来作为凉拌菜原料。川菜中以嫩豇豆为主料的名菜为"姜汁豇豆"，突出姜汁香味，佐以香醋味。而藤椒拌豇豆则突出藤椒的清香麻，回口微辣，十分开胃。

**原料：** 嫩豇豆 500 克，青、红美人辣椒圈各 10 克

**调味料：** 川盐 3 克，味精 3 克，藤椒油 10 克

**做法：**

❶嫩豇豆洗净，焯水至熟后起锅，立即以凉开水冲凉，沥干水。

❷将焯熟冲凉的嫩豇豆切成 5 厘米左右的段，放入盆中。

❸加入川盐、味精、藤椒油和青、红美人辣椒圈拌匀，装盘后即成。

**美味秘诀：**

❶嫩豇豆焯水时不可煮得过软，以免影响口感。❷焯熟后要立刻冲凉，避免余温继续增加熟度，令口感变软，且避免颜色变黄。❸此菜虽突出藤椒的清香味，但要避免用量过多而掩盖了嫩豇豆的鲜甜味。

CLASSIC **047**

# 藤椒雅笋丝

**特点** / 脆嫩多汁，清香爽麻

**味型** / 藤椒味　**烹调技法** / 焯、拌

**原料**：清水雅笋 300 克，青美人辣椒圈 10 克，小米辣椒圈 8 克

**调味料**：川盐 3 克，味精 3 克，美极鲜 5 克，藤椒油 10 克

**做法**：

❶ 将清水雅笋放入滚水中焯水后，用凉开水冲凉。

❷ 挤去雅笋多余的水分，放入盆中，调入川盐、味精、美极鲜和青美人辣椒圈，拌匀。

❸ 再下入小米辣椒圈、藤椒油拌匀即可装盘成菜。

**美味秘诀**：

❶ 清水雅笋本身鲜嫩多汁，焯水和调味都要尽可能保留其本味。

❷ 青美人辣椒及艳红小米辣椒除了调节菜肴颜色，也能赋予菜肴鲜香或鲜辣味。

❸ 此菜品的辣度控制主要在小米辣椒使用量上，若要更低的辣度，可改用红美人辣椒等低辣度的红辣椒。

　　洪雅县的山好、水好，物产自然也好。洪雅竹笋一直有"雅笋"的美名，此菜品选用无硫烟熏工艺加工的高山野生竹笋，其质地脆嫩，笋香味浓，在四川省内有一定的市场美誉度，也是洪雅人馈赠亲朋好友的标志性地方土特产。通过现代食品加工技术，除了干货的形式，更有了预先泡发，被认证为有机产品的"清水雅笋"，使用上更加便利。

### 洪州风情 | 瓦屋山镇 |

　　洪雅瓦屋山镇位于海拔1000多米的山中，有约20万亩竹林基地，以慈竹、箭竹、冷竹居多。每年春季，全面封山育林，任何人不能上山采笋、伐木。直到8～9月间才开放1个月上山采笋，洪雅人称为"打笋"，是瓦屋山秋笋上市的黄金期。现在也开发成了"打笋节"旅游活动，游客可在亲自参与打笋及制作雪花笋、干笋、泡笋，品尝佳肴。

**雅自天成** ▲ 雅女湖位于王坪的渡船码头，是搭船往来湖两岸的主要渡口。

CLASSIC **048**

# 双椒爆牛肉

**特点** / 口感丰厚、清香麻辣

**味型** / 藤椒鲜辣味　　**烹调技法** / 爆、炒

## 原料：

牛腿肉 400 克，姜片 3 克，蒜片 3 克，青美人辣椒圈 15 克，红美人辣椒圈 10 克，芹菜段 5 克，香菜段 3 克，洋葱条 10 克

## 调味料：

川盐 2 克，味精 3 克，辣鲜露 5 克，蚝油 8 克，胡椒面 1 克，料酒 8 克，熟香菜籽油 15 克，藤椒油 10 克

## 做法：

❶牛腿肉剔除筋膜后切成小薄片，用川盐、胡椒面和料酒码好味。

❷锅里放菜籽油，中大火烧至六成热，下入姜、蒜片爆出香味后，下入牛肉爆炒出香。

❸加洋葱条，青、红美人辣椒圈和芹菜段，调入味精、辣鲜露和蚝油一同翻炒。

❹临出锅前加入藤椒油和香菜段即可出锅装盘。

## 美味秘诀：

❶牛腿肉的肉味较浓，口感有嚼劲，若想要口感细嫩，可选用牛里脊肉。

传统家常川菜的特点在于味厚、味重，成菜色泽也多厚重，常使用豆瓣油、红油、老油等，桌面上常常出现一片红艳之景，在餐饮业的蓬勃发展下，容易形成审美疲劳，人们开始对菜品的"色"，即成菜外观有所追求。因应这一需求，加上江湖川菜的刺激，便产生了"新派川菜"这一川菜风格，不管是热菜还是凉菜，都喜欢用新鲜青红辣椒赋予菜肴鲜艳的色泽并突出清香味和鲜辣味。此菜品就是利用青红辣椒赋予菜肴鲜艳的颜色，辅以藤椒味，爽口开胃。

❷芹菜段、香菜段、洋葱条等既能有效去除牛肉的腥异味，也能增加清爽的鲜蔬香味及鲜甜味。

❸爆炒的火候控制是菜品优劣的基本功，每一原料、调料入锅的顺序则是菜品滋味与口感完美度的关键。

洪州风情 | **三宝镇** |

在交通不便的年代，三宝镇曾是繁忙的水陆码头，地处洪雅县城东南 15 公里处的川溪河与青衣江汇流处，是进出洪雅县的重要口岸。明朝中期（1368—1644 年）该地叫"红盛场"，集市设在现在三宝场下游石绵渡的南坡上。明朝末年"红盛场"遇火灾烧尽，集市逆江上迁到现在三宝场镇的位置。清朝初年才改名为三宝场。黑白照片为1980 年代的三宝镇码头，今日只剩下老树可供回忆。

CLASSIC **049**

# 藤椒爆鳝鱼

**特点** / 滑嫩爽口，香辣适口、藤椒味浓

**味型** / 藤椒家常味　**烹调技法** / 爆、炒

**原料：** 去骨鳝鱼 300 克，泡红辣椒段 12 克，泡姜片 5 克，洋葱条 15 克，去籽青美人辣椒段 50 克，鲜藤椒果 10 克

**调味料：** 川盐 4 克，味精 3 克，豆瓣 8 克，蒜片 5 克，胡椒面 1 克，料酒 10 克，辣鲜露 5 克，熟香菜籽油 15 克，藤椒油 15 克

**做法：**

❶ 去骨鳝鱼治净，切成约 3 厘米长的段，加入川盐 2 克、胡椒面、料酒和藤椒油 5 克码味去腥。

❷ 锅内放熟香菜籽油，中大火烧至六成热，下泡红辣椒、泡姜、蒜片和豆瓣爆香，接着放鳝鱼段一同爆炒。

❸ 调入川盐 2 克、辣鲜露、味精、鲜藤椒果和藤椒油 10 克炒匀，临出锅前加入洋葱条和去籽青美人辣椒段翻炒几下，断生即可起锅。

**美味秘诀：**

❶ 去骨鳝鱼码味前需用食盐加白醋反复搓洗，以去除黏液和血水，然后用清水冲洗干净。因为黏液和血水是腥味的主要来源。

　　爆炒鳝鱼是很考验手艺的一道菜，鳝段一旦下锅，就必须快速颠锅爆炒，动作要快，力度要轻，使鳝段既受热均匀，又不会碎烂。而鳝鱼本身容易有腥味，因此清洗及调味就很重要，除了基本的葱姜、料酒外，以藤椒油除异去腥、调麻增香，再适量使用泡辣椒，利用其酸辣味强化去腥效果，又能为菜品增色提香。

❷洋葱和青美人辣椒段入锅炒至断生即可，确保口感爽脆，让整道菜的口感多样化。

❸嗜辣者还可在炒香豆瓣时，放入一定量的细辣椒面，或加入适量小米辣椒。

❹若希望成菜颜色更加红亮、香辣味更浓，可以直接用老油来炒，不使用熟香菜籽油。

❺这道菜不适合大批量制作，每次以不超过3份为宜，因量一多，炉灶火力无法维持爆炒需要的热度，容易有受热不足，带生的情况。且在锅中时间一长，成菜就容易失去爆炒的特色。

**雅自天成**▲ 在阴冷的冬天，最暖心的活动莫过于德元楼的吊锅宴篝火晚会及之后的放天灯（孔明灯），暖身、暖胃、暖心。

CLASSIC **050**

# 藤椒盐水鸭

**特点** / 皮糯肉嫩，藤椒香味浓郁

**味型** / 藤椒五香味　　**烹调技法** / 腌、卤

**原料：**

治净麻鸭 1 只（约 1000 克），小米辣椒粒 15 克，芹菜 10 克，香菜 15 克，蒜苗 12 克，香料（八角 3 克，三奈 3 克，月桂叶 2 克，丁香 1 克，肉桂皮 3 克，香茅草 3 克），老姜 15 克，大葱 10 克，鲜藤椒果 5 克

**调味料：**

川盐 75 克，卤水 4000 克，胡椒面 2 克，料酒 15 克，藤椒油 80 克

**做法：**

❶ 治净的麻鸭洗净，放入盆中，均匀抹上川盐、胡椒面、料酒、小米辣椒粒。

❷ 放入鲜藤椒果、芹菜、香菜、蒜苗、老姜、大葱和香料等腌料，将腌料搓抹于全鸭并出味后，用保鲜膜封好，放入冰箱冷藏腌制 24 小时。

❸ 把腌制入味的鸭子放入卤水中以中火煮熟后，转中小火卤 25 分钟。

❹ 卤好的鸭子连同卤水一起端离炉灶，静置凉冷。

❺ 将放凉的鸭子捞出，刷上藤椒油。

　　四川传统的鸭品种是个头不大的"麻鸭"，因毛色灰棕多斑点而得名，一般成鸭重量多只有 1 ~ 1.5 千克，油脂少，肉质较为紧实，肉香味浓。洪雅地区因青衣江及其支流穿县而过，多数临水而居的人家都会养鸭子。此菜品在传统白卤五香盐水鸭的基础上突出藤椒风味，浓郁的藤椒清香麻能很好地烘托鸭肉的鲜甜香。

❻上菜前斩件装盘，淋上适量卤水即可。

**美味秘诀：**

❶腌制时料要足、时间要够，以使各种滋味充分渗入鸭肉内部。

❷卤好后在表面刷一层藤椒油，可以增加鸭肉的藤椒清香微麻风味，同时避免鸭皮干硬。

❸卤水做法：取一汤桶，下入清水 10 千克，将香料（八角 35 克，广木香 9 克，白芷 180 克，三奈 35 克，千里香 10 克，香茅草 7 克，小茴香 85 克，干藿香 7 克，灵草 9 克，南姜 6 克，甘菘 5 克，月桂叶 12 克，白蔻 15 克，排草 13 克，辛夷花 4 克，陈皮 5 克，肉桂皮 19 克，砂仁 12 克，甘草 6 片，草果 4 个，栀子 4 个，肉蔻 5 个，红蔻 8 个，丁香 12 个）用清水冲洗过，装入棉布袋成香料包。将香料包下入水中，大火烧开后转中小火熬煮约 20 分钟。

❹取出香料包即成。使用时按需求量取用。

**洪州风情｜玉屏山｜**花溪镇西面是形如翡翠屏风的玉屏山，东临花溪河及谷地平原。1970 年代以前，每当晴天从洪雅城西望，就可见悬挂在玉屏山腰的飞水岩瀑布"飞流直下三千尺，疑是银河落九天"的气势。在当时，许多首次到洪雅旅游的人，对花溪镇印象不深，但说起飞水岩瀑布人人称道。然而，1970 年代水利建设进行截流后，只偶尔在雨水过多时才能见到飞水岩瀑布，对于飞水岩曾为洪雅旅游象征景点一事，更只有年近古稀的洪雅人才晓得，回忆起来还带有失落感。

**雅自天成▲** 洪雅县城到瓦屋山的洪瓦路上，两边竹树茂密，宛若绿色隧道。

CLASSIC **051**

# 藤椒小炒肉

**特点** / 香辣中带麻香，脂香油润而鲜

**味型** / 藤椒香辣味　　**烹调技法** / 炒

　　小炒肉是湖南名菜，也是四川地区极为普遍的家常菜，一般选用肉质比较细嫩的猪肉，最好是正三线五花肉，辣椒最好选用形状瘦、比较辣的小米辣椒搭配椒香突出的青二荆条辣椒，成菜的辣感爽、香而有层次。做得好的小炒肉肉质细嫩，有着多层次的辣与香，不腻人。做好这道菜，食材第一，火候第二，突出香鲜。

**原料：**

去皮猪五花肉 250 克，青二荆条辣椒 50 克，小米辣椒粗丝 50 克，青美人辣椒丝 50 克

**调味料：**

川盐 3 克，味精 3 克，白糖 4 克，辣鲜露 10 克，熟香菜籽油 10 克，藤椒油 10 克

**做法：**

❶去皮猪五花肉切成 1.5 ～ 2 厘米厚的片。青二荆条辣椒、小米辣椒斜切成粗丝。

❷锅中放熟香菜籽油，中火烧至五成热，下肉片炒熟。

❸加青美人辣椒丝和小米辣椒丝一同翻炒，调入辣鲜露、川盐、味精和白糖炒匀。

❹起锅前加入藤椒油炒匀。

**美味秘诀：**

❶不宜选用太肥的猪五花肉，成菜容易发腻。

❷也可用带皮五花肉。选用去皮五花肉是要让整体口感较佳，避免成菜的猪皮产生较硬的不佳口感。

❸此菜突出香辣味，因此辣椒品种选择相对重要，辣度低了有油腻感，辣度过高肉香、脂香全被辣感淹没。

**雅自天成▶** 洪雅太婆们都拥有一双巧手，一个背篼、一个簸箕卖着自己手工缝制的婴儿鞋、童鞋，极为精巧，舒适度也不错，自用、送礼、收藏皆宜。

洪州风情 ｜ **桃源乡** ｜ 桃源乡地处山区，平均海拔高度在 1200 米左右，夏凉冬寒，竹林密布，可耕地不多。1970 年代前不通公路，只有山间驿道与外界联系，油盐布匹等生活必需品全靠肩挑背扛从山下运来，到现今仍旧只通弯曲狭窄的一般公路，然而这一劣势却让桃源乡拥有绝佳的生态环境，相较于紧张高压的城市，这里真如其名，乃一"世外桃源"。为进一步改善交通和经济条件，于 2018 年桃源乡撤乡，并入新设立七里坪镇，整体发展。

CLASSIC 052

# 古法藤椒牛肉

**特点** / 麻辣鲜香，藤椒浓郁

**味型** / 藤椒鲜辣味　　**烹调技法** / 蒸、拌

**原料：**

小牛腱 500 克，香菜碎 30 克，小香葱花 30 克，青小米辣椒圈 10 克，红小米辣椒圈 30 克，冰鲜青花椒 10 克

**调味料：**

盐 8 克，味精 2 克，藤椒油 10 克，花椒油 5 克，辣鲜露 3 克，干辣椒 20 克，干花椒 5 克，生姜 15 克，大葱 20 克，八角 1 个，花雕酒 20 克

**做法：**

❶ 小牛腱洗净，擦干后放入盆中，放入盐 5 克、生姜、大葱、八角、花雕酒、干辣椒和干花椒抹匀，用保鲜膜封起，腌制 60 分钟。

❷ 将腌好的牛腱肉移到盘中，入蒸笼，用大火蒸约 45 分钟至熟透，取出放凉，备用。

❸ 等牛肉凉冷后切成片，放入盆中，加入香菜碎、小香葱花、青小米辣椒圈、红小米辣椒圈和冰鲜青花椒，再依次加入盐 3 克、味精、辣鲜露、藤椒油和花椒油，轻拌均匀即成。

此菜品借鉴传统菜"旱蒸回锅肉"的手法，肉不入水煮，而是"干蒸"来保留更多的肉香及滋味，蒸制时放肉的盛器不带水。因采用先腌制入味再旱蒸后凉拌成菜，其牛肉味较卤后凉拌的更香而多滋，加上藤椒油的清、香、麻与小米辣椒的鲜辣在味蕾上碰撞，带给食客前所未有的味觉体验。

**美味秘诀：**

❶本菜品工艺可分阶段独立进行，极适合批量制作生产，也可以延伸制作成以其他原材料为主料的菜式，如小海鲜或者家禽类。

❷切片时，刀口应与肉纤维垂直，才便于食用。

**洪州风情** ｜**藤椒油** ｜洪雅地区的人们总觉得干藤椒欠缺鲜香味，于是衍生出食用藤椒油的食俗，今日依旧可见家家户户的房前屋后都要种上几株藤椒树。每年端午节后，藤椒成熟之际，洪雅人们都要采摘鲜藤椒回家用菜籽油焖制藤椒油，这时节走在洪雅随时都能闻到那异香扑鼻。

**雅自天成▲** 洪雅玉屏山与对山之间是河谷平原，垂直拔地而起犹如天然跳台，已建有国际滑翔伞基地，可以体验滑翔伞、三角翼、轻型飞机及热气球等活动。

CLASSIC **053**

# 藤椒麻辣雅笋丝

**特点** / 滋润脆口，藤椒味爽，清香麻辣

**味型** / 藤椒麻辣味　　**烹调技法** / 拌

**原料：**雅笋丝 150 克，小香葱 50 克

**调味料：**川盐 3 克，味精 1 克，白糖 8 克，生抽 5 克，红油 50 克，藤椒油 10 克

**做法：**

❶ 雅笋丝入沸水中汆烫后，捞入凉开水中冲凉。

❷ 将冲凉的雅笋丝挤干水分，放入盆中备用。

❸ 小香葱切成 6 厘米长的段，码齐后铺于盘中，备用。

❹ 取川盐、味精、白糖、生抽、红油、藤椒油，下入装有雅笋丝的盆中，拌匀后连同酱汁一起放在盘中的葱段上即成。

**美味秘诀：**

❶ 此菜的主味道在红油与藤椒油，藤椒油的选择及红油是否做得色亮且香、辣而不燥，是美味与否的关键。

❷ 汆烫笋丝时，热透即可起锅，避免时间一长变成煮，使得口感不脆。

❸ 麻辣味的菜品盐味要足，整体滋味才有厚实感与层次，才不会空麻空辣。

洪雅传统菜有一明显特点，就是以藤椒油替代部分红花椒油或花椒面的使用，因为藤椒油清香麻的特点，成菜后总是多了一份清香，也就多了些清爽的口感；特别是麻辣味，一改传统味浓味厚的味感，形成味浓清香的滋味。

**雅自天成**▲ 走进果实累累的藤椒林，满目翠绿让人十分兴奋，但要小心树上满满的硬刺。

CLASSIC **054**

# 藤椒凉粉

**特点** / 鲜辣香麻，凉滑爽口

**味型** / 藤椒鲜辣味　**烹调技法** / 淋

**原料**：米凉粉 500 克，蒜头 10 克，青美人辣椒 5 克，红美人辣椒 10 克

**调味料**：川盐 3 克，味精 3 克，生抽 30 克，醋 8 克，凉开水 50 克，藤椒油 10 克

**做法：**

❶米凉粉改刀成方块后装盘；蒜头切成蒜米；青、红美人辣椒切成细粒，备用。

❷取一汤碗下入川盐、味精、生抽、醋、蒜米、青红美人辣椒粒、凉开水、藤椒油搅匀成味汁。

❸凉粉上淋上适量的味汁即可。

**美味秘诀：**

❶味汁应现兑现用，避免放置过久，因其中的蒜头容易氧化产生臭味，辣椒粒也会因泡在汁水中过久而失去大部分鲜味。

❷若凉粉需放冰箱冷藏保存，务必要封好，避免外表干硬。

四川米凉粉是用籼米浆加石膏水搅煮至熟后，放凉凝固而成，吃法多样，如小吃多半是调香辣味或是酸辣味，也可用于做菜，如"凉粉烧牛肉""凉粉鲫鱼"等。

**雅自天成▲** 高庙古镇的杂货商铺卖着当地人手工编制的传统草鞋、竹器，除了实用，更多的是被游客当作工艺品买回家收藏。

CLASSIC **055**

# 藤椒舅舅粑

**特点** / 咸香松泡，藤椒味独特

**味型** / 藤椒咸香味　　**烹调技法** / 蒸

**原料：**

中筋面粉 500 克，30℃的清水 250 克，干酵母粉 5 克，泡打粉 3 克

**调味料：**

川盐 3 克，鸡精 3 克，藤椒油 50 克，猪油 10 克

**做法：**

❶ 面粉中加入泡打粉、酵母粉、猪油与清水调和，并揉制成团，盖上湿润的纱布巾，静置发酵约 2 小时，大约发至 2 倍大。

❷ 将藤椒油、川盐和鸡精放入碗中搅匀成为味汁。

❸ 将发面团擀成大面皮，刷上味汁，卷成粗约 3 厘米的长圆筒后，再切成长约 4 厘米的剂子。

❹ 取一剂子让切面与桌面呈直角，用手略微压扁后，一手抓一边，拉长至 10 厘米左右，顺时针纠一圈后成形，放入刷了油的蒸笼内醒发约 15 分钟。

❺ 醒发完成后，直接将蒸笼放上沸水锅，以大火蒸 10 分钟即可。

　　"舅舅粑"正名为"纠纠粑"，是传统面食花卷的一种，因制作时须纠成辫子状而得名，可以做成椒盐、麻酱、葱油、果酱等多种口味。在洪雅地区，嫁女儿时都会由舅舅送上"纠纠粑"这一面点，多是藤椒咸香味，寓意嫁出去的孩子依旧与娘家有着纠结难断的亲情，要常回家看望。这一面点因此被昵称为"舅舅粑"。

**美味秘诀：**

❶面团要发酵恰当，发酵不足，面体偏硬顶牙；发酵过头，面体松垮没有弹性，且味道发酸。

❷蒸制时需根据舅舅粑实际大小确定蒸的时间，需一气呵成。时间计算是等水沸腾、放上蒸笼后开始算。

洪州风情 | **坝坝宴** | 在洪雅，与全四川多数农村一样，婚丧喜庆都离不开坝坝宴，早期物资与交通还不通畅时，坝坝宴的掌勺者多是平日务农的乡厨，每个乡厨都有几道拿手菜。现今交通与物资情况变好了，也就派生出专门操办坝坝宴的餐饮服务行业，传统坝坝宴除令人怀念的滋味之外，更多的是那一份浓得化不开的乡情。

**雅自天成**▲ 柳江古镇周边名胜古迹甚多，如唐代建的三华寺，明代建的目禅寺，中西合璧的曾家园，老街下场口一排吊脚楼的王家园子等。图为古镇一景。

# 藤椒煎饺

**特点 /** 酥黄香脆，咸鲜酸香

**味型 /** 藤椒咸酸味　　**烹调技法 /** 蒸、煎

## 原料：

饺子皮 300 克，猪五花肉 200 克，泡萝卜 10 克，泡酸菜 20 克，泡豇豆 20 克

## 调味料：

川盐 2 克，味精 2 克，白糖 6 克，藤椒油 10 克，猪油 20 克

## 做法：

❶猪五花肉剁碎，泡萝卜、泡酸菜、泡豇豆切碎。

❷锅中加猪油烧热，下猪五花肉碎炒香后，放泡萝卜、泡酸菜和泡豇豆碎，稍炒一下即可起锅。

❸待做法❷的炒料凉冷后，调入川盐、味精、白糖和藤椒油拌匀即成馅料。

❹将馅料包入饺子皮中封好口，上笼蒸熟。

❺取蒸熟的饺子放入加有少许油的平底锅内依次摆开，将底部煎至金黄即可。

## 美味秘诀：

❶使用猪油炒料，除了增香，更利用猪油冷却后为固态的特性，让馅料不会过于松散，便于包制。

❷油锅要热，才容易煎得酥香。煎好的饺子需要尽快食用，否则底部酥脆的口感容易丢失。

❸因使用咸味重的泡萝卜、泡酸菜和泡豇豆等泡菜调制馅料，要特别注意馅料的咸度。控制方式是将泡菜料泡一下水，以去除一部分咸度，但要注意，咸度去得太多，泡菜风味也会丢失。

❹料炒好时试一下咸度，若咸味足了，配方中的盐可以不加。

在洪雅，水饺的风味也极具特色，重用泡酸菜、泡豇豆、泡萝卜，调味时还要加入藤椒油提香，做成煎饺后有独特的酸香鲜麻味，十分爽口。关于锅贴和煎饺的区别，有许多人认为它们是一样的，有些地方甚至是锅贴、煎饺两个词混用。其实两者的制作方法差异是很大的，煎饺需将饺子先蒸或煮熟，然后再用少许油煎得金黄，煎主要是为了增加口感和风味。而锅贴是生饺子直接下入加了油的热锅贴齐，再加水、加盖焖的水油煎，同时让饺子成熟并赋予饺子底部金黄色。

**雅自天成▲** 洪雅城南有三座标志性的跨江大桥，东边是老桥——青衣江大桥，即图片中的大桥；中间是洪洲大桥；西边是新建的青衣江三号桥。

**洪州风情 | 油炸粑 |** 在洪雅地区，有一小吃十分独特，洪雅以外少见，叫"油炸粑"，除了县城外，就是余坪场镇最受欢迎的小吃，多作为早点，一条短短的街上就有三五个摊摊在卖。油炸粑是将蒸得粑糯的粑粑切片，包入鲜肉馅，再下锅炸至表面脆香且馅熟。一出锅，咬上一口，脆香软糯中冲出浓浓的鲜肉香、脂香、葱香，十分有满足感。

CLASSIC **051**

# 藤椒清汤面

**特点** / 汤清鲜爽微麻，藤椒味清香迷人

**味型** / 藤椒咸鲜味　**烹调技法** / 煮

**原料**：鲜面条 200 克，瓢儿白 2 叶

**调味料**：川盐 4 克，味精 2 克，藤椒油 4 克，鸡油 4 克，热鲜鸡汤 700 克

**做法**：

❶取 2 个汤碗，平均下入加川盐、味精、鸡油和热鲜鸡汤调好味。

❷面条下入沸水锅内，煮至断生，捞出沥水，放入 2 个汤碗中。

❸捞面同时下入瓢儿白，在沸水中汆一下，捞起放在碗中面条上，最后淋上藤椒油即可。

**美味秘诀**：

❶制作清汤面最好使用自己熬制的鸡汤、鸡油，成品更鲜香、更浓郁。

❷藤椒油的使用量避免过多，以能赋予鲜汤、面条淡淡的清香为宜，多了就败味，会压掉汤和面的鲜香味。

❸面条选用韭菜叶宽的较佳，过细，口感、面香不足；过宽，面香容易压过清汤的鲜美味道。

❹若是想要有点辣味，可加几颗新鲜的青美人辣椒圈，能保有清汤面的清爽，鲜辣味对整体风味也有提鲜、爽口的效果。

❺瓢儿白又称青江菜、小油菜，可换成方便取得或自己喜爱的其他蔬菜。

　　在洪雅，家家户户都习惯在煮面条时调入藤椒油，以增加清香麻的爽滋味，特别是清汤面，更能享受藤椒的独特风味。清汤面美味的关键在于汤，而与藤椒风味最搭配的首选鸡汤，只做简单调味，不过度调味，特别是会让面条、面汤上色的，如酱油、红油等。藤椒清汤面成品面条洁白、汤色清爽，搭一点青色叶菜，吃来清淡爽口，非常适合喜欢吃清淡又想享受藤椒风味的人。

**洪州风情** **| 北街 |**

　　县城最热闹的美食一条街"北街"，北街位于商业步行街的外围，多数洪雅人逛街前后都会来这里过把瘾，有大盆串串、烧烤或各式卤货、小炒，还有冰粉、凉粉、面条等摊摊。

**雅自天成▼** 位于槽鱼滩山上的茶园，早晨的阳光让人心旷神怡。茶园的适当位置还能俯瞰槽鱼滩水坝的全景。

CLASSIC **058**

# 藤椒酸菜腊肉面

**特点** / 酸香麻爽，肉香面实

**味型** / 藤椒咸酸味　　**烹调技法** / 煮

　　农林业为主的洪雅，腊肉是早期很重要的肉品保存方式，即使现今有许多保鲜技术与设备，腊肉仍是多数人的最爱，因为那烟腊味几乎是一把时间之钥，常能打开人们的怀旧之情。使用农家泡酸菜和腊肉搭配下面条，风味质朴且独特，酸香微辣十分开胃爽口。此面臊类似酸菜肉丝面臊，可根据个人口味，适当加入泡野山椒增加酸辣风味。

**原料：**

面条 100 克，酸菜 20 克，蒸熟腊肉 15 克，瓢儿白 3 叶

**调味料：**

川盐 1 克，猪油 2 克，藤椒油 3 克，猪骨高汤 350 克

**做法：**

❶蒸熟的腊肉切成丝，酸菜切细。

❷锅内放猪油烧热，下腊肉丝和酸菜炒香，掺入热烫的猪骨高汤，调入川盐，即成汤臊。

❸面条下入沸水锅内，煮至断生后捞出沥水装入碗中。

❹捞面同时下入瓢儿白在沸水中余一下，捞起放在碗中，面条上浇入酸菜腊肉汤面臊，淋上藤椒油即可。

**美味秘诀：**

❶面条煮制过程中可适当加入冷水，以使面条受热均匀，且不浑汤。

❷汤面用的是汤臊时，避免另外加清汤或面汤，以保证浓郁的风味。

❸此面品滋味较厚，除了用韭菜叶子水面，也可用面片或刀削面等。

❹搭配的蔬菜可换成自己喜爱的。

湖南 · 长沙

# 徐记海鲜（湖南徐记酒店管理有限公司）

商务宴请，更多人到徐记海鲜

**推荐菜品：**

❶妈妈焖老南瓜❷原味青椒❸蒜茸粉丝蒸俄罗斯板蟹❹堂灼鱼汤蚌仔❺辣酒煮小花螺

**体验信息：**

地址：湖南省长沙市芙蓉中路 1 段 163 号新时代广场南栋 20 楼

藤 椒 风 味 体 验 餐 厅

*湖南·长沙*

# 田趣园本味菜馆

田园拾趣 快乐下厨 食取天然 怡心健康

**推荐菜品：**

❶藤椒手打肉丸（一品健康涮涮锅）❷藤椒回锅鸭❸椒香五谷杂粮❹藤椒翘嘴鱼头❺五香牛肉夹馍

**体验信息：**

地址：湖南省长沙市开福区潘家坪路 29 号

台湾·台北

# 开饭川食堂（连锁）

台湾川菜连锁餐厅第一品牌　一不小心就爱上的畅快爽辣

**推荐菜品：**

❶流口水鸡❷翻滚吧！肥肠❸催泪蛋❹椒麻杏鲍菇❺椒麻鸡片

**体验信息：**

地址：台北市大同区承德路一段 1 号 B3（Q square 京站时尚广场）

# 第六篇 巧用藤椒创新菜

## CREATIVE

营销圈中有这样一句话："越民间的越国际化。"餐饮圈中常说的"好菜在民间""创新来自民间"则很好地呼应了这条营销原则。因为百姓家常菜多是有什么煮什么，没太多规范，更多的是因地制宜的灵活变化，重点就是让成菜适口、家人爱吃，形成民间家常菜的最大特色就是风格鲜明。放到餐饮市场上就是菜品风味独到、新颖。

话说川菜中的藤椒味原就存在于洪雅及周边地区，早期受限于交通和运输条件，未能被外界广泛认识，现藤椒油已商品化且广为市场接受，因藤椒油独特而突出的清香麻风味，总是让食客们印象深刻。

过去，藤椒风味菜是江湖菜、新派菜；今天，除了经典藤椒菜，还有更多创新菜品，运用藤椒香麻打开省内外餐饮市场。

CREATIVE **059**

# 木香红汤肥牛

**特点** / 肥牛滋润而香，口味浓郁，木香突出

**味型** / 家常木香味　　**烹调技法** / 煮

现代川菜中经典的"酸汤肥牛"鲜辣酸香，是很多酒楼的火爆菜品，其独特香气关键来自藤椒油的清香。另因使用海南黄灯笼椒酱调制酸辣味，成菜汤色金黄，故又名"金汤肥牛"。这里用清汤木香大酱直接取代鲜香酸辣而金黄的汤汁，赋予肥牛木香鲜爽而酸辣特殊风味，成菜快滋味足。

**原料：**

肥牛 300 克，金针菇 150 克，青笋 150 克，蒜苗 5 克

**调味料：**

猪油 50 克，清汤木香酱 80 克

**做法：**

❶金针菇去老头，青笋切丝，一起放入沸水锅内焯熟，捞出沥水后放在深盘底。

❷锅中下入猪油，开中大火烧至五成热，下清汤木香酱炒香，掺入清水 200 克煮沸后下入肥牛煮熟。

❸捞出肥牛，置于盘中蔬菜上，灌入汤汁，点缀蒜苗即成。

**美味秘诀：**

❶肥牛不能久煮，久了口感就不滋润。

❷金针菇和青笋丝也不能在开水锅内久煮，否则会失去脆性。

❸此菜品食材都不能久煮，因此汤汁的调味要略微厚些，食用时，味感才饱满。

**雅自天成▲** 藤椒的开花季节在每年农历年后一个月左右开始，持续约一个月。

**洪州风情 | 椒房 |** "椒"是中国古代宫廷文化的重要组成元素，相关记载如《周颂·载芟》："有椒其馨"；屈原在《九歌》中有"奠桂酒兮椒浆，播芳椒兮成堂"，椒浆即椒酒。西汉《西都赋》中有"后宫则有掖庭椒房"。椒房指皇后居住的宫殿，又名"椒室"，以椒和泥涂抹居室的墙壁，取温香多子之义。图为洪雅藤椒文化博物馆复原示意的椒房。

CREATIVE 060

# 藤椒香肘子

**特点** / 色泽红亮，肥而不腻，藤椒味醇

**味型** / 藤椒家常味　　**烹调技法** / 炖、蒸

此菜为川菜传统菜品，豆瓣家常味的"家常肘子"改良版，使用复合风味的红汤藤椒大酱除了可以代替豆瓣外，还可减少调辅料的准备，让备料变简单，烹调变得有效率。成菜后的香味和滋味的丰富度反而得到极大提升。这要归功于红汤藤椒大酱本身就是用了十余种调辅料炒制而成，而非利用添加剂调味，因此底味十足、回味悠长。

**原料：**

猪肘子 1 个（约 1000 克），姜片 10 克，葱节 20 克，姜末 40 克，蒜末 20 克

**调味料：**

白糖 30 克，醋 30 克，料酒 20 克，水淀粉 20 克，红汤藤椒酱 100 克，熟香菜籽油 60 克

**做法：**

❶猪肘子焯水后治净，放入加有姜片、葱节和料酒的水中，开大火煮开，转小火炖约 45 分钟至软糯。

❷炖好的肘子沥汤后盛入钵中，再上蒸笼用大火蒸约 1 小时至耙软。出笼，扣入深盘中。

❸锅内加菜籽油，开中大火烧至五成热，放入红汤藤椒酱、蒜末和姜末炒出香味，然后掺入炖肘子的鲜汤 100 克，调入白糖煮化。

❹再调入醋煮开，用水淀粉勾薄芡，起锅淋在蒸熟的肘子上即可。

**美味秘诀：**

❶猪肘子采用先炖后蒸的方式成熟，既能使肘子熟透，还能保持形整不烂。

❷醋可分两次下，一半与糖一起下，一半在勾芡前下，可以达到醋的香与酸的平衡。

**雅自天成▼** 洪雅县老桥，即青衣江大桥，建成于 1979 年，至今依旧是重要的交通要道。

**洪州风情 ｜ 牛儿灯 ｜** 洪雅县农村很多地方山高石头多。腊月三十晚上，辛苦一年的人们都要祈愿来年丰收，大年初一、初二过后，第三天就要出去耍各种灯，过个欢乐的年。为感谢牛儿给人们耕田耕地一年的辛苦劳动，人们扮起牛儿灯到家家户户讨吉利，边耍牛儿灯边唱山歌，要一直耍到元宵节。

CREATIVE 061

# 红汤藤椒焗鱼头

**特点** / 鱼头鲜嫩入味，浓郁复合香

**味型** / 藤椒香辣味　　**烹调技法** / 煎、焗

运用鱼头成菜的菜品常见调味难点在于如何让主料出本味，调料入滋味。没做好，就会使鱼味和调味各自独立，味感突兀缺层次，这情况也容易出腥味。因此只要鱼头不是斩小块，这问题就会被突显，主因就是鱼头厚度太大。做好这类菜品的基本烹调原则就是鱼头要码足底味，调味要浓郁有层次，烹煮时间要足。此菜运用复合酱料藤椒、木香大酱作为主要调味料可一料抵多料，因其本身就味丰味厚，降低调味复杂度，又能提味入味。

**原料：**

花鲢鱼头约 1000 克，洋葱块 30 克，大蒜片 8 克，生姜片 8 克，青美人辣椒圈 5 克，红美人辣椒块 10 克

**调味料：**

精盐 8 克，味精 3 克，鸡精 5 克，生粉 50 克，红汤藤椒酱 40 克，红汤木香酱 20 克，藤椒油 20 克，花雕酒 100 克，鸡油 100 克

**做法：**

❶将治净、改好刀的鱼头放入盆中，依次加入精盐、味精、鸡精、花雕酒 70 克、红汤藤椒酱、红汤木香酱、生粉和藤椒油上浆，码味约 30 分钟。❷不粘锅中放入鸡油 35 克，开中火烧至六成热，将码好味的鱼头除去腌料后放入，煎至两面金黄。❸砂锅煲仔中加鸡油 65 克，开中火烧至五成热，下洋葱块、大蒜片、生姜片和盆中做法❶的腌料一起炒香。❹将煎好的鱼头放在炒香的料中，加盖焗 2 分钟后淋入花雕酒 30 克，放入青、红美人辣椒圈即可。

**美味秘诀：**

❶鱼头先煎后焗可减少腥味且口感、香气、味道更佳。

❷批量制作时可提前将做法❶的码味料一次性调制好备用。

**雅自天成▼**

清晨从洪雅县城远眺峨眉山。

洪州风情 | **打笋节** | 地处高海拔的瓦屋山镇，拥有近 10
万亩高山冷竹笋，采摘冷竹
笋被当地誉为"打笋子"。
每年 8 月中下旬的处暑前
后，瓦屋山镇都会举行为期
一个月的"打笋节"，通
过举行祭山仪式、民俗文化
展演等，向外界展示当地多
姿多彩的青羌文化和民俗风
情，游客更可亲自体验打笋
的趣味。图为冬季冷竹笋及
被雪覆盖的高山竹林。

**美味秘诀：**

煳辣油制作方法：干辣椒
50 克和干花椒 30 克清洗后
沥干水，备用。熟香菜籽油
300 克以中大火烧至五成热
后，加入大葱 50 克、老姜
50 克、辣椒和花椒炸干水
分，捞去料渣即成。煳辣油
可大批量制作生产，广泛用
于制作冷热菜。

CREATIVE **062**

# 知味雅笋

**特点** / 脆爽美味，煳辣鲜香
**味型** / 煳辣味　　**烹调技法** / 煨、拌

　　洪雅高山冷竹笋产自原始山林，无法立刻送出大山，因
此都经过干制，一来保存时间长，二来更便于运送下山。产
自洪雅山区的冷竹笋干经涨发后口感特别爽脆且笋香浓郁中
有着优雅的烟香味，而有"雅笋"之名。

　　雅笋虽然美味，其涨发过程却十分费时耗工，很多人都
无法一品它的美味。幸运的是现在有"幺麻子清水雅笋"，
克服了发制好的雅笋难以长时间保存同时可以保持口感的技
术门槛，一开袋就能享受口感爽脆、笋香浓郁的雅笋好滋味。
好食材只需要简单的调味。这里以煳辣油的"厚"，藤椒油
的"清香"，烘托雅笋脆爽烟香的"雅"。

**原料：**

清水雅笋 300 克

**调味料：**

精盐 3 克，味精 2 克，煳辣油 15 克，藤椒油 5 克，高汤 80 克

**做法：**

❶清水雅笋改刀成 6 厘米的段，下入高汤中用中火煮。❷调入
精盐 2 克，转小火将清水雅笋煨至入味，捞出沥干水分备用。
❸煨制好的清水雅笋加入精盐 1 克、味精和煳辣油、藤椒油拌
匀即可。

CREATIVE **063**

# 妙味文蛤跳跳蛙

**特点** / 汤鲜味美，风味独特

**味型** / 藤椒木香味　　**烹调技法** / 滑、烩

**原料：**

治净牛蛙2只（约300克），文蛤200克，清水雅笋300克，青小米辣椒圈5克，红小米辣椒圈10克

**调味料：**

精盐2克，味精2克，鸡精5克，花雕酒50克，生粉50克，高汤50克，清汤藤椒酱30克，清汤木香酱10克，藤椒油10克，木姜油5克，熟香菜籽油450克

**做法：**

❶清水雅笋焯水后沥干垫入盘底，备用。

❷净锅中加入清水1000克，开中大火煮沸，加入花雕酒15克，再下文蛤焯水，备用。

❸牛蛙改刀成块状，放入盆中加精盐、花雕酒35克和生粉码味上浆，约5分钟。

❹取净锅下入熟香菜籽油400克，转中大火烧至六成热，放入码味上浆的牛蛙块滑油，沥出。

❺锅中菜籽油倒至汤锅中另作他用，锅内留菜籽油约20克，开中火，下清汤藤椒酱和清汤木香酱炒香后加入高汤，调入味精和鸡精推匀。

文蛤又叫蛤蜊，产自沿海沙岸，现多人工养殖，肉质鲜甜，对内地来说"海味"鲜明。此菜利用文蛤的海味作为调味的一部分，体现海鲜风味的同时兼顾多数人的口味差异，搭配本身没有明显气味的牛蛙为此菜增加丰富感。再加上藤椒、木姜的独特香气及多层次复合味的酱料，融合出了奇妙而美味的滋味。

❻往锅内依次放入牛蛙、文蛤略煮 2 分钟，下入青、红小米辣椒圈，调入藤椒油、木姜油推匀，出锅装盘。

**美味秘诀：**

❶滑油时间不可过长，不须熟透，以成形并略微上色即

可，后面还有第二次烹煮。

❷此菜的风味及做法也适用于家禽类、河鲜类为原料的特色口味菜。

**雅自天成▼** 洪雅县雅女湖景致。

# CREATIVE 064
# 藤椒钵钵鱼

**特点 /** 鲜香麻辣，藤椒味浓郁

**味型 /** 藤椒鲜辣味　　**烹调技法 /** 滑、泡

**原料：**

草鱼 1 条（约 1000 克），二荆条青辣椒圈 100 克，红小米辣椒圈 50 克，青笋片 80 克，胡萝卜片 80 克，竹扦适量

**调味料：**

精盐 18 克，味精 2 克，鸡精 3 克，料酒 10 克，胡椒粉 2 克，蛋清 1 个，生粉 5 克，鲜汤 1000 克，藤椒油 35 克

**做法：**

❶草鱼宰杀洗净后去骨备用，把鱼肉片成薄片放入盆中，加入料酒、胡椒粉、精盐 3 克、蛋清、生粉码匀，腌制 15 分钟。

❷把青笋片、胡萝卜片及腌制好的鱼片用热水氽熟晾凉后用竹扦串起来，备用。

❸取一钵，调入精盐 15 克、味精、鸡精、藤椒油、鲜汤、二荆条青辣椒圈、红小米辣椒圈搅匀即成味汁。

❹将鱼肉串、青笋串、胡萝卜串泡入味汁中即可食用。

藤椒钵钵鸡是藤椒味型的代表菜品，充分体现出藤椒油的清、香、麻，口味独特。此菜借鉴钵钵鸡的烹调手法，改用鲜而嫩的河鲜入菜，利用藤椒油的滋味进一步提升河鲜的鲜美滋味，细嫩的口感吃来更觉精致。针对河鲜本味特点，主要将青美人辣椒换成青二荆条辣椒以增加椒香味，弥补河鲜较弱的肉香味，而红美人辣椒换成红小米辣椒来提高鲜辣感，更突显"鲜"味，其他调料则在此原则上适当增减。

**美味秘诀：**

❶氽烫鱼片时火候宜小，保持微腾为佳，避免沸腾冲散鱼片，也要避免久煮令鱼肉发柴。

❷草鱼也可改用黔鱼、鲤鱼、江团、鮰鱼等，以刺少肉质扎实的为佳。

❸此菜品也可做成红油木香味，汤料配方、做法如下：

取一汤钵，放入川盐15克、味精2克、鸡精3克、木姜油15克、红油辣子200克、糖10克、鲜汤1000克搅匀，即成红油味汤料，放入鱼肉串、青笋串、胡萝卜串浸泡1～2分钟即可食用。

**雅自天成▼** 洪雅农村风情。

CREATIVE 065

# 藤椒清炖猪蹄

**特点** / 汤浓香，肉炽软，回口微麻辣

**味型** / 藤椒味　　**烹调技法** / 炖

**原料：**

猪蹄约 1000 克，宽粉 100 克，小香葱花 10 克

**调味料：**

精盐 5 克，鸡精 3 克，鲜汤 1200 克，清汤藤椒酱 300 克，熟香菜籽油 30 克

**做法：**

❶猪蹄砍成小块，焯水后去除毛渣。

❷锅内加菜籽油，开中大火烧至五成热，放入清汤藤椒酱炒香，掺入鲜汤、调入精盐和鸡精，放入猪蹄，中火煮开后改用小火炖约 1.5 小时至炽软。

❸宽粉用热水泡发好后放汤钵底，盛入炖好的猪蹄及汤汁，撒上小香葱花即可。

**美味秘诀：**

❶猪蹄子一定将毛渣清理干净才美观，也方便食用。

❷此菜改用清汤木香酱就成为木香清炖猪蹄。

此菜跳出了传统的清炖风格，在清鲜滋润的基础上加入了咸鲜酸香而微麻辣的滋味，使猪蹄吃起来爽口不油腻，汤汁味厚但清爽适口，十分美味。在烹饪工艺及备料的部分却因为选用清汤藤椒大酱而大大简化，一勺酱料可替代近十种调辅料，使用得当同样可做到"一菜一格，百菜百味"。

**洪州风情 | 将军庙 |** 在洪雅县城南面隔青衣江相望的乡名为"将军"，但历史上"将军乡"却从没出过叱咤疆场的将军，为何有将军之名？其实乡名是来自民间流传的义薄云天的故事。

话说将军乡一带，董姓人家居多，宋代时即称董村。在北宋咸平至南宋乾道年间的170多年中，因出了13名进士而名声大振。其中董济民支持岳飞、胡铨等人主战抗金，而对秦桧一伙卖国求和的勾当深恶痛疾。后因胡铨被诬陷而联名保释他。秦桧一怒罗织罪名，抓人前夕获朋友报警，他以"父丧丁忧"为由，匆匆逃回家乡避难。

秦桧又挟持虬髯将军母亲迫使他追杀董济民一门。虬髯将军到了洪雅后陷入矛盾，后决定以牺牲自己保全董济民全家的性命，用死向秦桧抗争。董家感念他的恩情，厚葬虬髯将军，并修建"将军庙"。时间一久董村之名被人遗忘，百姓以庙为名，"将军"就成了当地的地名。

# CREATIVE 066
# 木香蛙腿

**特点** / 汤色黄绿，木香浓郁，滋味独特，微辣爽口
**味型** / 鲜椒木香味    **烹调技法** / 烧

**原料：**

治净蛙腿 500 克，清水雅笋 300 克，西芹 150 克，青小米辣椒圈 30 克，红小米辣椒圈 30 克

**调味料：**

清汤木香酱 100 克，木姜油 15 克，高汤 500 克

**做法：**

❶蛙腿斩成小块，清水雅笋改成小块，西芹斜切成段。❷锅内加入高汤，开中火，下清汤木香酱熬煮约 3 分钟，再下清水雅笋和西芹烧 1 ~ 2 分钟，捞出垫入深盘底。❸放入蛙腿烧约 1 分钟至熟，连汤汁一起盛入深盘的雅笋、西芹上。❹取净锅放木姜油，开中火烧至五成热，下青、红小米辣椒圈炒香后起锅淋入盘中牛蛙上即可。

**雅自天成▼** 槽渔滩茶园全景。

川菜的一个重要特点就是"复合味"！从用料最能看出这一特点，如"水煮牛肉"的麻辣味，用郫县豆瓣的酱香醇辣做基础，姜除了去异味，更添辛辣感，再加上干辣椒、红花椒做的刀口辣椒煳香味浓，麻辣味重，成菜后撒在面上、热油一激，煳香味扑鼻，刺激、醇厚而层次完善的麻辣味才算完成。所以地道的麻辣味不是要麻傻人、辣死人，而是要让人在麻辣味中感受激情、满足与舒服。

川菜滋味的复杂让多数人掌握不了，但在适合酱料的协助下将变得容易，这里的"清汤木香大酱"就是其一。备好主辅料，复杂调味就只需一味"大酱"。

**美味秘诀：**

❶雅笋入锅后可烧久一点，更入味。西芹在起锅前 1 ~ 2 分钟再下，保持其鲜脆的特点。❷木香酱本身即有足够的盐味与滋味，因此本菜不需再添加其他调味料。❸主辅料可根据地域偏好任意配搭。

淡水小龙虾于1930年就引入养殖作为饲料的来源，端上餐桌当菜品则是1960年以后的事了。直到1980年才开始当作水产资源加以开发利用，也才有今日大家熟悉不过的食材"小龙虾"，更成为近几年餐饮夜宵市场的火爆单品。运用藤椒、木香酱制作的小龙虾口味独特，多汁入味。制作时加入啤酒，可以让小龙虾口感更好，且风味别致。此做法可延伸用于制作各类小海鲜为主料的夜宵菜品，是"夜猫子"吃货们的首选。

**洪州风情 | 观音寺 |**

洪雅县槽渔滩镇观音寺位于槽渔滩景区内，建于1994年，建有望峡楼、千手观音殿、天王殿、三十二应身殿等建筑，视野开阔，可以俯瞰水库区。

CREATIVE **067**

# 藤椒木香小龙虾

**特点** / 色泽红亮，奇香麻辣，虾肉鲜甜

**味型** / 藤椒木香味　　**烹调技法** / 烧

### 原料：

小龙虾 1000 克，鸡腿菇 200 克，大蒜 30 克，仔姜 80 克，青小米辣椒圈 30 克，红小米辣椒圈 30 克

### 调味料：

精盐 5 克，味精 3 克，鸡精 10 克，啤酒 1 瓶（600 毫升），红汤藤椒酱 100 克，红汤木香酱 60 克，藤椒油 50 克，熟香菜籽油 500 克

### 做法：

❶小龙虾治净；鸡腿菇切成片；大蒜、仔姜切成厚片。❷锅内加入熟香菜籽油，开中大火烧至六成热，放入小龙虾过油后捞出；接着下入鸡腿菇过油，捞出沥油，备用。❸锅内留熟香菜籽油约 50 克，其余的油倒至净汤锅中，留作他用；开中大火烧至五成热，加入大蒜片、仔姜片、青、红小米辣椒圈和红汤藤椒酱、红汤木香酱炒香。❹放入小龙虾，加入啤酒，调入精盐、味精和鸡精，下鸡腿菇，改用中火收汁，最后淋入藤椒油推匀即可。

### 美味秘诀：

❶小龙虾务必清洗干净，避免腥味重的泥沙、杂质影响成菜风味。❷滑油的目的在于透过高温油将小龙虾的壳香味炸出来，让成菜的香味更丰富。❸选用红汤系列大酱能使成菜味道更厚重，若想要爽口一点，可改用清汤系列大酱。

CREATIVE **068**

# 藤椒酱炒鱼丁

**特点 /** 红白绿相间，椒香清新，鱼肉鲜嫩

**味型 /** 藤椒鲜椒味　　**烹调技法 /** 滑、炒

　　滑炒是炒法的一种，其工艺为先滑后炒，主要用于质嫩的动物性原料，原料经过改刀切成丝、片、丁、条等形状后，用蛋清、淀粉上浆，再下入四至五成热的温油中滑散、定型，倒入漏勺沥去余油后再进行炒的工艺，成菜特点多半清爽细嫩。这道"藤椒酱炒鱼丁"就是利用这一工艺特点，确保成菜的鱼丁口感细嫩，能与油酥花生的酥脆口感形成对比，更有趣味。

**原料：**

黔鱼 1 条（约 1000 克），青美人辣椒圈 50 克，小米辣椒圈 50 克，大葱段 50 克，油酥花生 20 克，鸡蛋清 1 个，豌豆粉 10 克

**调味料：**

精盐 3 克，糖 30 克，醋 30 克，料酒 20 克，水淀粉 10 克，清汤藤椒酱 60 克，熟香菜籽油 350 克

**做法：**

❶黔鱼宰杀治净后去骨备用，把鱼肉切成丁，加精盐 2 克、料酒、鸡蛋清和豌豆粉码味上浆。

❷锅内放菜籽油开中大火烧至四成热，下鱼丁滑熟后捞出沥油。

❸取一碗，放入糖、醋、水淀粉搅散成调味汁。

❹锅内留油约 30 克，其余的油倒至净汤锅中，留作他用；开中大火烧至五成热，下小米辣椒圈、青辣椒圈和大葱段爆香后，下清汤藤椒酱炒香。

❺接着放入滑熟的鱼丁翻炒入味，调入调味汁炒匀，起锅前加入油酥花生翻匀即成。

**美味秘诀：**

❶黔鱼的腥味较重，先用精盐、料酒码好味再上浆，利用料酒中的酒精挥发性除掉更多腥味。

❷鱼肉滑炒油温很重要，以四五成为宜，方能保持洁白的颜色和鲜嫩的口感。

❸滑炒前必须将锅洗干净，然后滑油炙锅，避免食材入锅滑油时粘连而不成形；下料后要及时滑散食材，防止脱浆、结团；滑散的食材要马上出锅，并沥净油，成菜才清爽。

**雅自天成▼** 余坪镇挂面作坊。

CREATIVE **069**

# 木香酱炒蛙丁

**特点** / 木香味突出，色泽鲜亮，鲜辣多滋

**味型** / 鲜椒木香味　　**烹调技法** / 滑、炒

　　美蛙一般指美国青蛙，又名河蛙、水蛙，原产于美国，1980年后期引进国内，其肉质细嫩而有弹性，味道鲜美，是上等的食用蛙。这里将美蛙去骨取肉，以滑炒的方式，最大程度保留其肉质的细嫩感，搭配清鲜独特的木姜风味，成菜爽口，口感多样。

**原料：**

治净美蛙 600 克，青二荆条辣椒圈 50 克，红美人辣椒圈 50 克，大葱段 20 克，油酥花生 30 克

**调味料：**

精盐 3 克，白糖 30 克，醋 30 克，鸡蛋清 1 个，生粉 10 克，料酒 10 克，水淀粉 10 克，清汤木香酱 60 克，熟香菜籽油 500 克

**做法：**

❶ 治净美蛙去除骨头，把蛙肉切成丁，加精盐、料酒、鸡蛋清和生粉码味上浆。

❷ 锅内加菜籽油，开中大火烧至四成热，放入蛙丁滑熟后捞出。

❸ 取一碗，放入糖、醋、水淀粉搅散成调味汁。

❹ 洗净炒锅，中火烧干后加菜籽油 50 克烧至五成热，放入青二荆条圈、红美人辣椒圈和大葱段爆香，下清汤木香酱续炒至出香。

❺ 下入滑熟的蛙丁翻炒入味，调入调味汁略炒，加入油酥花生翻匀，即可起锅。

**美味秘诀：**

❶ 油酥花生不宜过早下锅，以免吸收汁水后失去酥脆的口感。

❷ 许多人将美蛙与牛蛙搞混，下面简单介绍其差异：以成蛙来说，美蛙重 400 ～ 600 克，牛蛙则有 800 ～ 1200 克，外观的差异为美蛙的头部偏尖，双眼明显凸出；牛蛙头部宽扁而平，双目只有微凸；其次是美蛙的皮肤光滑少疣，头部为绿色，均匀分布着点状斑纹；牛蛙的皮肤粗糙，头部呈绿褐色，体色灰黑。

**洪州风情 | 茶园 |**

在退耕还林后，洪雅地区 1000 米高度以上的茶园多改种回林木，少数的茶园与农村休闲经济结合，转型为生态茶园，产茶量不大，风味却有些别致。

CREATIVE **070**

# 鲜辣藤椒蛙腿

**特点** / 口感脆中带嫩，滋味鲜美

**味型** / 藤椒鲜椒味　　**烹调技法** / 腌、炸

油炸菜品外层的酥脆口感多通过挂浆、拍粉后油炸的方式获得，在面包糠进入中菜食材市场后，菜肴的脆皮口感又多了一种酥松、薄脆而香的新口感。此菜运用此口感烘托美蛙肉质的嫩中带劲，藤椒酱的酸香微辣，一来解油炸的腻感，二则提升肉的鲜甜感，通过浇汁的方式可避免炸好的蛙腿香酥感被过多的破坏。面包糠也可自制，做法很简单，将吐司面包去边、切片、恒温干制、均匀粉碎即成。也可用白馒头，只是馒头本身不含油脂，口感稍微偏硬。

**原料：**

美蛙腿 10 根（约 200 克），小米辣椒 5 克，青美人辣椒 8 克，大葱 10 克，老姜 10 克，芹菜 20 克，香菜 20 克，洋葱碎 10 克，鸡蛋 2 个，面包糠 150 克

**调味料：**

精盐 3 克，味精 2 克，料酒 10 克，胡椒面 1 克，鲜汤 50 克，水淀粉 5 克，红汤藤椒酱 60 克，熟香菜籽油适量（约 1500 克）

**做法：**

❶ 美蛙腿剞十字花刀；取一深盘，磕入鸡蛋搅匀备用。

❷ 将小米辣椒、青美人辣椒、大葱、老姜、芹菜和香菜一同放入 500 克清水中，调入精盐、味精、料酒，用果汁机搅成香料汁倒入盆中，将美蛙腿浸入，腌制 60 分钟。

❸ 净锅中倒入菜籽油，开中大火烧至五成热后转中火。把腌制入味的蛙腿取出，裹一层鸡蛋液后蘸一层面包糠，下入热油锅中炸至金黄熟透，捞出沥油、装盘。

❹ 净锅放菜籽油 30 克，开中火烧至五成热，放入洋葱碎、红汤藤椒酱、胡椒面炒香，掺入鲜汤烧沸后用水淀粉勾薄芡，起锅淋在盘中蛙腿上即可。

**美味秘诀：**

❶ 香料汁要现做现用，确保有足够的鲜香滋味渗入到蛙腿中，产生吃鲜不见鲜的独特味感。

❷ 成菜的淋酱也可不勾芡，直接小火收汁，味更醇厚。

洪州风情 | 雅石 |

洪雅地区产的红棕纹或棕黑纹红色底砂岩石材，因质地坚硬、色鲜、质细，是恒久性好的优质石材，广泛用于桥梁建筑、石刻，被誉为雅石。县境内更有许多刻于雅石上的汉唐时期的摩崖石刻、石碑或以雅石当建材的遗迹等都保存得很好。图为雅石料及玉屏山中峰寺遗迹，遗迹只剩雅石构建的基础，其上都成了茶园。

CREATIVE **071**

# 木香啤酒焗小龙虾

**特点** / 麻辣味醇，酒香木香独特，诱人食欲

**味型** / 麻辣木香味　　**烹调技法** / 烧

**原料：**

小龙虾 1500 克，青美人辣椒段 150 克，洋葱条 150 克，藕条 150 克

**调味料：**

红汤木香酱 300 克，啤酒 1 瓶（约 600 毫升），青花椒 5 克，干辣椒段 8 克，熟香菜籽油适量（约 1000 克）

**做法：**

❶ 将小龙虾刷洗干净，去除虾线。

❷ 锅内加菜籽油，开中大火烧至六成热，下入小龙虾炸熟、炸香，捞出沥油。

❸ 锅内留油约 75 克，其余的油倒至净汤锅中，留作他用；开中大火烧至五成热，放入干辣椒段和青花椒爆香，加入红汤木香酱炒香。

❹ 倒入啤酒，放入炸香的小龙虾，煮开后改用小火煨约 3 分钟至入味。

❺ 放入青美人辣椒段、洋葱条和藕条翻炒至断生、入味，即可起锅。

啤酒因使用啤酒花酵母发酵麦汁而成，而有独特的麦香风味，加上酒精度数低，用于做菜时有去腥除异的效果，且酒精易挥发，不影响成菜滋味又可增香，也成就了流行许多年的名菜——"啤酒鸭"，成菜吃起来有奇香，肉质也较酥嫩！啤酒中的活性物质还可起到类似嫩肉精的效果，用啤酒烹调肉类食材可以说是一举多得。只是啤酒本身带有苦味，入菜的使用量以不会留下苦味为宜。

**美味秘诀：**

❶小龙虾必须处理干净，避免腥异味过重。

❷小龙虾不易入味，可用剪刀剪去头并从背脊开一刀，便于入味，也更便于食用，但成菜较不美观。

**雅自天成▼** 位于青衣江边的罗坝古镇虽然名气不大，但是生活气息特别浓。

CREATIVE **072**

# 文蛤煮肉蟹

**特点** / 汤鲜肉嫩，海味突出而微辣

**味型** / 藤椒味　　**烹调技法** / 烧

　　结合两种鲜甜味美的海味带壳食材，海鲜的滋味也能有丰富的层次。文蛤本身鲜甜，而肉蟹的蟹肉丰满、爽滑鲜甜，蟹壳经油炸后更散发出丰富的香气，以鲜香醇厚的清汤藤椒酱调味，十分完美地融合了两者的滋味。

**原料：**

肉蟹 500 克，文蛤 500 克

**调味料：**

清汤藤椒酱 300 克，鸡油 50 克，清水 150 克

**做法：**

❶文蛤买回后放入清水中，使其吐沙。

❷肉蟹治净，砍成小块，下入六成热的油锅中，中大火炸熟、上色。

❸文蛤焯水，开口后用冷水冲凉。

❹锅里加鸡油，开中大火烧至五成热，放入清汤藤椒酱炒香后掺入清水煮沸，随后放入肉蟹和文蛤，改小火煮约 3 分钟至入味即可。

**美味秘诀：**

❶文蛤务必使其吐沙吐净，避免成菜有沙影响食欲，也可减少腥味。

❷肉蟹的腥味多来自其外壳夹带的脏污，需清理干净才会鲜美。

❸肉蟹和文蛤本身的鲜味浓郁，用清汤藤椒酱调味就可以。使用鸡油可以使成菜更香，色泽也黄亮些。

**洪州风情｜炳灵乡｜**若手中有 20 世纪的《洪雅县地图》，会在县城南偏西约 60 公里的位置，看到炳灵乡的位置标示，再摊开近几年的新版地图对照，却发现炳灵乡已不见踪迹。原因是 21 世纪初筑坝截断炳灵河，建成瓦屋山水电站后形成海拔 1080 米、水域面积 13.6 平方公里的高峡平湖——雅女湖所带来的巨大变化。2007 年电站落闸蓄水后，炳灵乡从此长眠于雅女湖底，成为洪雅历史上第一个因经济建设而消失的场镇。仅剩一石碑标示着曾经的"炳灵乡"。

CREATIVE **073**

# 清香麻仔鲍丁

**特点** / 色泽清爽，鲜香微辣，口感层次丰富

**味型** / 藤椒味　　**烹调技法** / 炒

　　鲍鱼古称鳆、鳆鱼、海耳，俗名有九孔螺、镜面鱼、明目鱼等，此菜品选用新鲜的仔鲍鱼，非干鲍鱼，其口感细腻且十分弹牙，海味清新而鲜爽，价格上较干制鲍鱼便宜许多，在保鲜技术及物流发达的今日已不是难以取得的食材。此菜品借鉴虾松的做法，将食材全部切成小丁，以清爽微辣的清汤藤椒酱调味加上西餐的搭配和摆盘思路，令人耳目一新。

**原料：**

仔鲍鱼5头，熟麦粒20克，芦笋丁20克，雅笋丁20克，青美人辣椒丁10克，红美人辣椒丁10克，薯片10片

**调味料：**

精盐2克，料酒10克，清汤藤椒酱30克，熟香菜籽油30克

**做法：**

❶仔鲍去壳，洗干净后切成小丁，加精盐和料酒码味约3分钟。

❷锅内加菜籽油，开中大火烧至五成热，放入清汤藤椒酱炒香后下入仔鲍丁炒熟，放入雅笋丁、芦笋丁、熟麦粒和青、红美人辣椒丁一同翻炒入味即成馅料，起锅。

❸舀适量馅料放在薯片上，摆盘即成。

**美味秘诀：**

❶薯片的香脆口感、仔鲍丁的弹牙、蔬菜丁的脆爽、熟麦粒的滑糯营造此菜品典雅的多层次口感。

❷薯片也可改搭配窝窝头一起食用，成为鲜香爽口而饱足的食感。

**雅自天成▼** 三宝镇的老街风情。

# CREATIVE074
# 椒香焗牛排

**特点**／肉香浓郁，口感丰富，藤椒风味醇厚
**味型**／藤椒味　　**烹调技法**／焗

中餐近年来都在走融合道路，不问中西、不分派系，原料、调料、烹法、味型、装盘、器皿等，只要是合适就借鉴到自己的菜肴中来。就此菜来说，取西式铁板牛排装盘的形式，调味用中式腌制方法，加上川式的清汤藤椒酱调味，成菜造型异国风情浓郁，吃在嘴里却完全不需担心味蕾的适应问题。端上桌后才会发现饮食文化差异产生的有趣反差；在西方，这道菜是属于一人独享的主菜，在我们这里则成为一桌子人分享的一口菜。

**原料：**

雪花牛排 200 克，西蓝花 50 克，鸡蛋 1 个，洋葱 20 克，大葱段 20 克，老姜片 30 克

**调味料：**

精盐 5 克，胡椒面 1 克，料酒 10 克，水淀粉 5 克，清汤藤椒酱 30 克，熟香菜籽油 30 克

**做法：**

❶雪花牛排去除筋，切成两片，加精盐、胡椒面、大葱段、老姜片和料酒腌制 6 小时。

❷把西蓝花和洋葱分别在开水锅内焯熟，将洋葱放盘底，西蓝花放盘边。

❸平底锅里放菜籽油，开中大火烧至六成热，放入腌好味的牛排，四面封口，煎至七分熟，起锅放在盘中的洋葱上面。再把鸡蛋煎成一面黄，置于西蓝花旁。

❹炒锅内加菜籽油，开中火烧至五成热，放入清汤藤椒酱炒香，掺入少许鲜汤，烧开后勾薄芡，起锅淋在盘中牛排上即可。

**美味秘诀：**

❶雪花牛排经腌制后，让辛香料的味充分渗入到牛排中，滋味更多样。❷盛器可选用牛排用铁盘，装菜前先以炉火烧至热烫（约250℃）后抹少许油再盛菜，一来保温，二来通过铁盘的高温再次激香盛入的菜。❸使用烧烫的铁盘时，鸡蛋可直接磕入铁盘中，利用铁盘温度煎熟，不须另外煎。

洪雅县中保场镇成形于300多年前，镇名来自于北面天功山中有个小山包形如庙里的吊钟，附近又有一巨石，貌似银元宝，百姓遂以"钟宝"作地名，后谐音叫作"中保"，沿用至今。在今日中保场镇西南5公里处的义恭坝，是晚唐高僧悟达国师的出生地。悟达俗姓陈，字后觉，法名知玄，生于唐宪宗元和四年（809年），其父陈邈，传说其母魏氏梦月入怀而生后觉。

## CREATIVE 075
# 藤椒橄榄油拌冰菜

**特点** / 碧绿晶莹，口感嫩脆独特，清香鲜麻

**味型** / 藤椒糖醋味　　**烹调技法** / 拌

　　水晶冰菜（又称冰草）是近年来的新兴食材，其叶面和茎上有大量像水珠一样的大型泡状细胞，里面充满液体，晶莹剔透犹如冰晶，因此得名"水晶冰菜"或"冰草"，主要分布在非洲、西亚和欧洲。浑身附满了"冰珠子"的水晶冰菜，摸起来硬实冰凉而脆，因其质地细嫩，水分含量极饱满所致，主要凉拌食用，吃在嘴里十分滋润爽口，鲜甜中有淡淡的咸味，口感、滋味都非常独特。这里以藤椒糖醋味的酸甜清香麻烘托冰菜的脆嫩滋润，简单却回味无穷。

### 原料：
冰菜 250 克，蒜末 20 克，红美人辣椒碎 3 克

### 调味料：
精盐 1 克，醋、白糖各 30 克，生抽 3 克，藤椒橄榄油 10 克

### 做法：
❶冰菜洗净后去除老硬和老叶，装好盘。❷将精盐、醋、白糖、生抽、藤椒橄榄油、蒜末和红美人辣椒碎下入碗中兑成小糖醋味，淋在盘中冰菜上即可。

### 美味秘诀：
❶冰草本身带有咸味，调味时注意盐的用量。❷辣椒的使用目的是增色，并给菜品带来微辣的口感变化，更加爽口。避免辣度过高，失去清爽的口感。

CREATIVE **076**

# 藤椒奶油汁配罗氏虾

**特点** / 融合中西调味，奶香味浓郁，风味别致

**味型** / 藤椒奶油味　　**烹调技法** / 煎、淋

**原料：**

罗氏虾 15 尾，鲜榨柠檬汁 25 克，青笋长片 15 片

**调味料：**

精盐 10 克，白胡椒面 5 克，白兰地 100 克，淡奶油 100 克，黄油 50 克，藤椒橄榄油 10 克

**做法：**

❶罗氏虾开背治净，加精盐 7 克、白胡椒面 2 克、白兰地 30 克和柠檬汁 10 克腌制约 5 分钟。

❷青笋长片入沸水锅汆一水，断生后，晾凉备用。

❸取净锅，开中小火，加入白兰地 70 克煮开，转小火，加入淡奶油、白胡椒面 3 克、精盐 3 克和柠檬汁 15 克再煮开后，加入藤椒橄榄油搅匀制成奶油汁，备用。

❹不粘锅中加入黄油，开中小火烧至五成热，放入罗氏虾煎熟后摆盘。

❺将青笋长片摆入盘中，淋上奶油汁即成。

西餐中的酱汁常利用高油脂含量的味汁乳化或直接将油调味后乳化制作而成，通过淋或蘸的方式食用熟制主料，因为乳化能让各种味道更好地融合，并与附着于主食材。中餐这方面的工艺相对较少，其原因在于我们的工艺更多样，不存在如何让滋味附着或入到食材中的问题。今日东方、西方餐饮业交流频繁，利用西餐工艺创造有新鲜感的中餐菜品是十分有市场价值的。像是藤椒与橄榄油的碰撞产生了"藤椒橄榄油"，可用于制作各式西餐酱汁或菜品烹调，让西式菜肴有了清香麻的四川风味；也让用了这调味油的中菜有了异国风情。

**美味秘诀：**

❶藤椒橄榄油仅用于调味，赋予淡淡的清香麻藤椒味，以烘托罗氏虾的香鲜味，不适宜大量使用，以免掩盖了菜肴本味。

❷盘饰也可使用新鲜香草或花果，如迷迭香、百里香、萝勒叶、薄荷叶、拇指胡萝卜、三色堇、小青柠、有机西红柿、黑橄榄等等。

❸罗氏虾又叫大头虾，因其头部特别大，还有白脚虾、马来西亚大虾、金钱虾、万氏对虾等名称。

**雅自天成▼** 峨眉半山七里坪国际避暑度假区整体规划建筑覆盖率不到12%，是中国旅游景点中少有的高端低密度避暑度假区，负氧离子量特别大，是个天然氧吧。

CREATIVE **077**

# 藤椒橄榄油拌三文鱼

**特点** / 颜色亮丽，脆滑交替，咸鲜香麻

**味型** / 藤椒味　　**烹调技法** / 拌

近年来各省都在推广种植榨油用橄榄树，让原本依赖进口而价高的橄榄油开始变得亲民，让大众可以多一种选择。藤椒油的风味组成包含了菜籽油的独特风味，运用相同思路改用橄榄油调制藤椒油，呈现出一种带果香风格的清香麻，极具魅力。西餐在烹饪工艺上的不足促使厨师积极研究食材、寻找可能的搭配组合，在思路上与中餐有很大的不同，这道菜选用原产于西亚和地中海的荷兰豆嫩荚，以其质脆鲜甜而清香的滋味衬托生三文鱼的嫩滑鲜甜，加入藤椒橄榄油增香去腥，同时带来新奇的微麻口感。

**原料：**

生食级三文鱼肉 250 克，荷兰豆 30 克，仔姜 8 克

**调味料：**

精盐 3 克，味精 1 克，藤椒橄榄油 10 克

**做法：**

❶三文鱼肉除刺后切成丝；荷兰豆去除筋，焯水后切成丝；仔姜洗净后亦切成丝。

❷把三文鱼丝、荷兰豆丝和仔姜丝放入盆中，加入精盐、味精和藤椒橄榄油拌匀即可盛盘。

**美味秘诀：**

❶此菜品的三文鱼是生吃，因此要特别注意保鲜及卫生。

❷菜品完成后应尽快食用，避免鱼肉不新鲜。

**雅自天成** 夜幕来临之际，带上迷幻之美的万屋山雅女湖。

CREATIVE **078**

# 藤椒低温浸三文鱼

**特点** / 鲜美细嫩，滋味别致，椒香果味独特

**味型** / 藤椒果香味　　**烹调技法** / 真空低温慢煮

　　此菜品是融合中西餐流行元素的菜品，结合川式调味及西餐的"真空低温慢煮"工艺。利用此工艺烹调三文鱼，可以让鱼肉熟透，但不失鲜肉的橙红色，因62℃的相对低温烹调令蛋白质基本不改变性质，与刺身或常规工艺烹熟的相比，在于奇妙的口感。此烹调法是法国三星厨师 Pierre Troisgors 20 世纪 70 年代初研究开发，1974 年正式发表"真空低温慢煮法"。一开始只单纯想找到可以减少烹调过程中鹅肝的重量和水分流失的方法，后来成功地使鹅肝重量在烹调后只减少 5%，经过进一步的尝试与研究后发现不同食物所需要的温度和时间有所不同，因此多数肉类食材都能用低温慢煮法成菜，进一步找到慢煮蔬菜和水果的理想温度，应用范围也变得更广。

**原料：**

三文鱼 300 克，芒果 45 克，小香葱叶 20 克，青美人辣椒 25 克，柠檬汁 12 克

**调味料：**

川盐 4 克，味精 2 克，水淀粉 5 克，藤椒油 10 克，料酒 10 克

**做法：**

❶ 三文鱼洗净后擦干，切成一寸的方丁，用川盐、藤椒油和料酒腌制 15 分钟。

❷ 把腌制好的三文鱼装入耐高温的真空密封袋，尽可能排出空气并封好后放入恒温 62℃的水中浸煮 12 分钟。

❸ 取一净锅，下入清水 20 克，烧开后勾入水淀粉成为芡汁，备用。

❹ 将川盐、味精、小香葱叶、青美人辣椒、藤椒油和柠檬汁放入果汁机打成酱汁，加入芡汁搅匀，即成调味汁。

❺ 三文鱼装好盘，用芒果点缀，最后淋上调味汁即可。

**美味秘诀：**

❶ 真空低温慢煮可批量制作，煮好的食物保持密封状态并冷藏在 0～1℃的环境中，成菜前再回温，质地、风味一般可维持 3 天。

❷ 若批量制作调味汁，应选用玉米淀粉勾芡汁，避免放凉后味汁变稀。

槽渔滩捕鱼风情。

**洪州风情｜槽渔滩｜** 青衣江由雅安草坝流入洪雅县境，穿过 6 公里桫椤峡后形成一段河滩。因滩陡水急，亿万年来经水力侵蚀，将红色砂岩河床冲刷成了道道深槽。春暖花开时节，成群雅鱼沿河底深槽逆水冲滩产卵繁殖，河滩成为捕捉雅鱼的最佳渔场，故而得名槽渔滩。

1990 年代初，青衣江开发水力资源，槽渔滩处拦河筑坝修电站。图为槽渔滩全景。

CREATIVE **079**

# 藤椒烤鱼

**特点** / 外皮香脆，肉质细嫩，香辣鲜美

**味型** / 藤椒味　　**烹调技法** / 煎、烤

**原料：**

鲤鱼 1 条（约 1000 克），雅笋丝 200 克，洋葱丝 100 克，魔芋片 100 克，土豆片 100 克，干海椒段 30 克

**调味料：**

精盐 8 克，胡椒面 3 克，料酒 15 克，生粉 50 克，鲜汤 150 克，红汤藤椒酱 300 克，熟香菜籽油 450 克

烤鱼的做法颇多，最著名的要数万州烤鱼，近些年更是风靡大江南北，出现了大量烤鱼主题的连锁餐厅。此处采用底味厚实、滋味丰富的红汤藤椒大酱代替传统繁杂的调味料和调味处理环节，让烤鱼的烹调更简单，却不减滋味，因为酱料中已饱含郫县豆瓣、泡姜、泡萝卜、腌大头菜、泡酸菜、泡豇豆、泡辣椒、泡小米椒、鸡油、猪油等十余种调辅料滋味。

**做法：**

❶将鲤鱼宰杀治净，用精盐5克、胡椒面和料酒码味去腥。

❷锅内加菜籽油300克，开中大火烧；码好味的鲤鱼抹去腌料，拍上生粉，放入六成热的油锅中半煎炸至两面金黄，移入烤箱中烤至全熟，取出装在盘中。

❸另取净锅加菜籽油50克，开中火烧至五成热，下入红汤藤椒酱炒香，掺入鲜汤，加入雅笋丝、魔芋片、洋葱丝和土豆片，煮熟后浇盖在鱼身上。

❹在净锅中加菜籽油100克，开中火烧至五成热，加入干海椒段炸香，淋在菜上即成。

**美味秘诀：**

❶鲤鱼先煎至两面金黄再烤制，能有效封锁住鱼肉内部的汁水和营养。

❷红汤藤椒酱虽是熟制的酱，使用时还是要先炒香再进行烹煮和调味，成菜的香气才会丰厚。

洪雅县城城南的南坛巷老建筑群。

洪雅县城清晨全景。

CREATIVE **080**

# 山胡椒焗肉蟹

**特点** / 色泽鲜艳，奇香开胃，佐酒佳肴

**味型** / 木香鲜辣味　　**烹调技法** / 焗

**原料：**

肉蟹 1000 克，茄子 200 克，蒜末 15 克，小米辣椒圈 10 克

**调味料：**

精盐 8 克，生粉 20 克，鸡蛋黄 1 个，清汤木香酱 60 克，熟香菜籽油适量（约 1000 克）

**做法：**

❶肉蟹治净后砍成小块，蘸上生粉 10 克，下入用中火烧至六成热的油锅中，炸成金黄色。

❷茄子去皮，改刀成条状。把精盐、蛋黄和生粉 10 克兑成浆，再放入茄子条均匀地裹一层浆，放入热油锅中炸熟且呈金黄色，捞出放在深盘底。

❸锅内加菜籽油 60 克，开中火烧至五成热，放清汤木香酱和蒜末、小米辣椒圈炒香，下入炸好的蟹肉，用小火慢慢焗入味，起锅放在盘中的茄子上即可。

**美味秘诀：**

❶茄子去皮的目的是更易于裹上淀粉浆，因茄子皮很光

　　木姜又名山胡椒，分布地域相当广，几乎黄河以南都有，因风味的独特又强烈，多单纯当作药材，形成食用习惯的地方相对少。实际上只要运用得当，其风味是相当迷人的，是一种浓缩了香茅加柠檬的气味，直接吃会有类似姜的辛辣感。因此木姜的使用量少时，完全是吃那独特的香气，刚开始接触木姜类调味品时，可先少量使用，再慢慢增加至需要的浓度。此菜以肉蟹的鲜甜为主味，烹入清汤木香的鲜爽奇香，成菜滋味丰富、特色鲜明。辅料用茄子的软甜作为口感、滋味变化，加上茄子会吸收汤汁，食用时能产生明显的满足感。

滑，容易脱浆，去除后口感也较佳。

❷蛋黄的浆色泽更黄，炸好后颜色较讨喜，但黏性相对较弱。

❸处理肉蟹时，将蟹盖完整保留并洗净，下油锅炸成红色，可用于盘饰。

洪州风情 | **德元楼** | 德元楼极具特色的吊锅火锅宴，搭配篝火、表演节目，现代与原始交融，不仅有味更有情。

CREATIVE **081**

# 藤椒烧豆腐

**特点** / 色泽鲜艳，醇香味厚，下饭开胃

**味型** / 藤椒家常味　　**烹调技法** / 烧

**原料：**

老豆腐 500 克，猪梅花肉
50 克，蒜苗段 15 克

**调味料：**

精盐 5 克，水淀粉 10 克，
鲜汤 100 克，红汤藤椒酱
60 克，熟香菜籽油 30 克

**做法：**

❶猪梅花肉剁成肉末。老豆
腐切成丁，放入加了精盐的
1000 克热水锅内小火煮约 3
分钟，捞出沥水。

❷锅内加菜籽油，开中火烧
至五成热，下入肉末炒至
酥香。

❸接着下红汤藤椒酱炒香，
掺入鲜汤、放入豆腐，烧开
后转用小火慢烧约 5 分钟至
入味。

❹临起锅前用水淀粉勾浓
芡，撒上蒜苗段即可。

**美味秘诀：**

❶豆腐焯水的目的：一为去
除卤水味；二是让豆腐适度
脱水，避免脱芡；三是正式
烹调前的预热。因此焯水后
尽快烧制效果较好。

❷豆腐不易挂上芡汁，可借
鉴麻婆豆腐勾三次芡的方
法，分次让芡变浓。

　　豆腐发源于中国，是传统且大众化的豆制食品，在许多古籍中都有记载，是食养兼备的食品，当代营养学也确认豆腐为碱性食物，有助于改善体质，早在五代时就被美名为"小宰羊"，认为豆腐的美味及食养价值可与羊肉相提并论。传承至今日，豆腐菜肴之美、之多不胜枚举，比如麻婆豆腐、家常豆腐、红烧豆腐等，甚至有豆腐宴。此菜在麻婆豆腐的风味上进行了改良，使用复合调料红汤藤椒大酱替代豆瓣的使用，非常方便，成菜一样鲜、香、酥、嫩、烫。

**洪州风情｜菜籽油｜**四川有偏好食用菜籽油的传统，油菜种植遍及全川。籽分黄菜籽和黑菜籽，黄菜籽油比黑菜籽油黄亮，也香，但产量低一些，出油量也低一些。图为已废弃的老榨油坊及农村每到春末收采籽、打菜籽的风情。

CREATIVE **082**
# 冰镇藤椒娃娃菜

**特点** / 造型清新，酸甜麻辣而香，冰脆爽口

**味型** / 藤椒糖醋味　　**烹调技法** / 淋

**原料：**

高山娃娃菜 150 克，
蒜米 20 克

**调味料：**

糖 30 克，醋 30 克，生抽 2 克，焗辣油 25 克，辣鲜露 2 克，凉开水 1000 克，冰块适量，味达美酱油 2 克，藤椒油 5 克

**做法：**

❶将娃娃菜去老皮，泡入放有冰块的凉开水中浸泡。❷将蒜米、焗辣油、糖、醋、生抽、辣鲜露、味达美酱油、藤椒油调入碗中搅匀成味汁。❸捞出冰开水中的娃娃菜摆入盛器，将味汁淋于娃娃菜上即成。

**美味秘诀：**

❶娃娃菜越新鲜越好，口感更脆爽，滋味也较鲜甜。❷掌握好焗辣油的制作工艺，是藤椒油外另一香气的来源。

娃娃菜为大白菜的一种，属于高冷地区的蔬菜新品种，冬天不下雪的地方就只能种在高山。早期要类似形态的白菜就只能把一颗大白菜剥到只剩白菜心才入菜。现今娃娃菜价格远高于大白菜，因此就有人将大白菜心当娃娃菜卖，然其本质是有差异的。娃娃菜的叶子嫩黄，手感结实，帮薄脆嫩，鲜甜味美，外形头尾宽度基本一样。而白菜心则是叶子黄中带白，手感松松垮垮的，水分多软，叶子、叶脉较宽大，能看到粗壮的根部。

**雅自天成▼** 冬季的洪雅农村，萧瑟中仍有着多彩的惊喜。

此菜品为绝佳的下酒菜，一来是香辣酥脆的口味，二来是食用方便，食材用竹扦串起，避免拿筷子夹取，聚会聊天更尽兴。选择带壳鲜虾做此道菜的目的就是要利用虾壳炸酥后的浓浓酥香味，加上藤椒味浓、爽口香辣的浇料，滋味层次丰富。此外虾壳酥脆的口感与虾肉的鲜甜带劲产生对比，食感粗犷中不失细致。

**洪州风情 | 抬工号子 |** 山多的洪雅，早期的路狭窄、弯道多，又崎岖不平，交通十分不便，运输全靠肩挑背磨，遇重物靠一人无法搬移，就产生多人合作、通过工具将所抬物体的重量均匀分散到每个人肩上。从 2 人发展到多人，乃至 128 人的队形，所抬之物最重可达 2 吨，为协调步伐，统一行动，就结合民间歌谣喊号子，形成独具特色的抬工号子。

洪雅地区现今的山区及道路。

CREATIVE **083**

# 藤椒串串虾

**特点 /** 色泽鲜明，香辣酥脆，藤椒味浓，食用方便
**味型 /** 藤椒香辣味　　**烹调技法 /** 炸、炒

**原料：**

带壳鲜虾 250 克，姜米 10 克，蒜米 5 克，青美人辣椒粒 5 克，红美人辣椒粒 5 克

**调味料：**

精盐 6 克，味精 3 克，白糖 2 克，料酒 10 克，藤椒油 10 克，熟香菜籽油 10 克，竹扦约 12 根，色拉油适量（约 1200 克）

**做法：**

❶鲜虾洗净沥干，用精盐 3 克、料酒腌制 5 分钟。❷将腌制好的鲜虾用竹扦串好，备用。❸取净锅下入色拉油，开大火烧至五成热，转中小火，下串好的鲜虾慢炸至熟且外壳酥脆后起锅沥油，摆入盘中。❹另取一净锅，开中火加热后下入菜籽油烧至五成热，放入姜、蒜米和青、红美人辣椒粒炒香。❺调入精盐 3 克、味精、白糖、藤椒油炒匀，出锅后浇盖在盘中炸好的虾上即成。

**美味秘诀：**

❶鲜虾不限品种，但要选择相对较小的，大约每尾 20 克，虾壳才容易炸至酥脆。❷藤椒油最后再下，避免过度加热使得香气减少。

CREATIVE **084**

# 能喝汤的烤鱼

**特点 /** 清鲜厚重并存，口味新颖，鲜美细嫩，醇厚微辣

**味型 /** 藤椒味　　**烹调技法 /** 烤、煮

**原料：**

清波鱼 1 条（约 1000 克），洋葱块 200 克，青瓜片 300 克，大葱段 30 克，老姜片 20 克，萝卜丁 30 克，青美人辣椒粒 30 克，小米辣椒粒 30 克

**调味料：**

食盐 4 克，胡椒面 2 克，料酒 15 克，清汤藤椒酱 300 克，鲜汤 500 克，生粉 35 克，色拉油适量（1500 ~ 2000 克）

**做法：**

❶清波鱼宰杀治净后，用食盐、胡椒面、料酒、大葱段、老姜片腌制 10 分钟。

❷取一净锅，下入色拉油，大火烧至六成热后转中火。

❸把腌制好的鱼抹去腌料，裹上生粉，下入热油锅中炸熟且色泽金黄。

❹锅内留油约 50 克，其余的油倒至净汤锅中，留作他用；开中大火烧至五成热，下入洋葱块、青瓜片炒至断生后铺垫在盘底，放上炸好的清波鱼。

❺另取一净锅，下入鲜汤及藤椒清汤酱、萝卜丁、青美

常见的烤鱼多是浇汁味道厚重，油多汁少，吃完鱼、料后虽可加汤烧开再煮些蔬菜等，但多数因还有其他菜品而选择不再加工，十分可惜！这里巧用清汤藤椒大酱，适当加大鲜汤的用量并增加烤鱼的底味，让浇汁只重点弥补烤鱼所欠缺的鲜香、酸香、麻辣的滋味，这样就能一次成菜，一菜两吃。

人辣椒粒、小米辣椒粒，以中火煮开后淋在鱼上即成。

**美味秘诀：**

❶鱼的底味要码足，成菜后才不会滋味全在表面，感觉寡淡，欠缺融合感。

❷淋在鱼上的汤汁避免过度调味，要让两者的盐味差不多，而滋味香气产生互补，汤汁才能真正当作汤来喝。

**雅自天成▼** 洪雅处处都有茶园，然而多数生态茶园都隐身在低山深处，唯有大胆深入才能一窥隐藏的美景。

CREATIVE**085**

# 滋味雅笋焖猪尾

**特点** / 笋子脆嫩、猪尾炽糯，清香微辣而醇

**味型** / 藤椒家常味　　**烹调技法** / 焖

**原料：**

猪尾 2 根（约 1000 克），清水雅笋 300 克，姜片 50 克，葱段 50 克，姜末 6 克，蒜末 6 克，青美人辣椒 10 克，红美人辣椒 20 克，冰鲜青花椒 10 克

**调味料：**

精盐 10 克，味精 8 克，豆瓣酱 8 克，泡椒酱 6 克，红曲米 2 克，八角 3 颗，干辣椒 6 克，红花椒 2 克，花雕酒 100 克，熟香菜籽油 80 克，藤椒油 20 克

**做法：**

❶ 清水雅笋入沸水锅中焯水，备用。

❷ 猪尾治净，放入加了红曲米、姜片、葱段、干辣椒、红花椒、八角、花雕酒、精盐 7 克和 1000 克水的汤锅内，以中火煮开后转中小火煨煮约 5 分钟，使其熟透而上色、入味。

❸ 捞出煮好的猪尾，晾凉后改刀成小段，备用。

❹ 锅内加熟香菜籽油 60 克，开中火烧至五成热，下姜末、蒜末、豆瓣酱和泡椒酱炒香，掺清水 1200 克烧开，

　　洪雅县的山好、水好，自然物产亦好。洪雅竹笋"雅笋"一名由来已久，其品质和口感较其他地方竹笋产品更嫩、更香、更鲜甜，在四川市场十分受宠，也是洪雅人馈赠亲朋好友的标志性地方土特产。"清水雅笋"于 2017 年被认证为有机产品。此菜以雅笋的鲜香脆爽缓和猪尾的软和滞腻感，加上藤椒家常味的清香微辣与醇厚滋味，让人回味无穷。

转中小火熬约 10 分钟，捞出料渣即成红汤。

❺取一汤锅掺入红汤，放入焯好水的清水雅笋和煨熟的猪尾，大火烧开，调入精盐 3 克、味精，改用中小火加盖焖 10 分钟，出锅装盘。

❻取净锅下熟香菜籽油 20 克，开中火烧至五成热，将青、红美人辣椒和冰鲜青花椒炒香，调入藤椒油推匀，起锅淋入盘中雅笋、猪尾上即成。

**美味秘诀：**

❶此类型的菜式批量制作时，可提前熬制红汤，也可在此基础上加火锅底料和其他香料，形成更多层次的复合味。

❷除清水雅笋，也可使用其他干货、时蔬作为此菜的辅料，如香菇、黄花菜、茶树菇、萝卜、青笋、鲜笋等。

**雅自天成** ▶ 过了柳江，开始进入山区，一路上多是竹林，有些地方连绵成片，犹如"竹海"。

北京

# 大鸭梨烤鸭店（连锁）

吃烤鸭去哪里，当然要去大鸭梨

**推荐菜品：**

❶金牌烤鸭❷宫爆虾球❸干炸丸子❹香菜拌牛肉❺葱烧海参

**体验信息：**

地址：北京市海淀区恩济庄东街 18 号

北京
# 唐拉雅秀酒店
# 唐苑中餐厅

艺术般的潮粤膳，辅以四海珍馐

**推荐菜品：**

❶藤椒茄子❷藤椒小炒黄牛肉❸藤椒笋壳鱼❹深井烧鹅❺避风塘海虾

**体验信息：**

地址：北京市西城区复兴门外大街 19 号

湖北 · 武汉

# 三五醇酒店

金碧辉煌的包房及商务宴请，朋友聚会的一个舒适环境

## 推荐菜品：

❶藤椒肉蟹❷藤椒洪湖野鸭❸藤椒芋儿甲鱼❹藤椒牛百叶❺藤椒剥皮鱼

## 体验信息：

地址：湖北省武汉市江汉区新华下路 245 号

湖北 · 武汉

# 湖锦酒楼

有诸内，行诸外，唯有内外兼精，方能实至名归

**推荐菜品：**

❶藤椒油拌海葵❷藤椒粑泥鳅❸藤椒鱼泡牛肉❹藤椒手撕黄牛肉❺藤椒龙利鱼柳

**体验信息：**

地址：湖北省武汉市武昌区八一路 105 号

广东 · 广州

# 太二老坛子酸菜鱼（连锁）

专注一条鱼

**推荐菜品：**

❶寂寞的村菇❷正经的鸡被撕❸藤椒香嘴芦笋❹椒王酸菜鳝丝❺藤椒多宝鱼

**体验信息：**

地址：广州市海珠区新港中路 354 号

广东 · 广州

# 生煎先生餐饮有限公司（连锁）

经典面食主义

**推荐菜品：**

❶藤椒草原肚❷椒麻鸡❸椒麻汁秋葵❹酥肉藤椒炖粉条

**体验信息：**

地址：广州市天河区天河路 383 号太古汇 B1

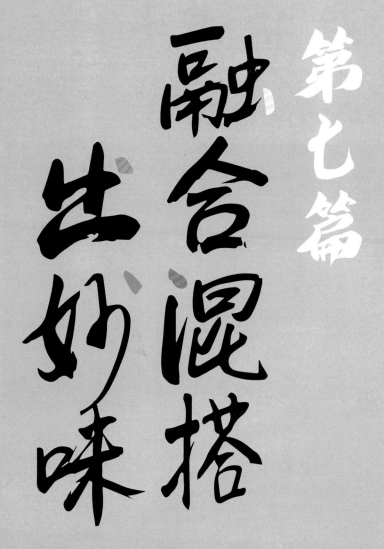

第七篇

融合混搭生妙味

# MIXING

通过菜系之间的食材、调料、搭配的交流、融合、混搭出的创新在市场中一直流行着，也是当前诸多餐馆酒楼推出新菜品的主要手段，其优势体现在效率高、推广快、接受度好几方面。然而创新风潮在市场运作之下将成为流行周期的一部分，这周期简单来说就是复古（传统）→创新→复古（传统）→创新，至于多久循环一次，得看现代市场营销的力度。

从改革开放后 40 余年餐饮市场的风潮来看，已经走过市场的复古（传统）到创新的路程，近 3 年开始有一股明显的趋势开始往复古（传统）的方向走。复古并非将传统菜肴的风味、形式照搬照抄，而是在形式、工艺创新中承袭经典菜或老菜的魂。

此篇菜品多来自交流、混搭后的创意，每道菜都有其创意点与趣味点，有些是厨师与食客之间的"玩味"游戏。通过巧妙运用相信大家都可以做出令人难忘的菜品。

MIXING 086

# 雅笋烧牛肉

**特点** / 牛肉炽糯，椒香丰富，家常味浓

**味型** / 藤椒家常味　　**烹调技法** / 煮、烧

**原料：**

牛腩肉 300 克，清水雅笋 150 克，青尖椒段 10 克，红尖椒段 10 克，芦笋 20 克，鲜藤椒 8 克

**调味料：**

盐 4 克，生抽 3 克，藤椒油 6 克，熟香菜籽油 40 克

**做法：**

❶牛腩肉洗净，入沸水锅中汆去血水。

❷高压锅中放入清水 750 克、盐、生抽，再放入汆过的牛腩肉，盖好锅盖，中大火烧开再转中小火压煮 15 分钟。

❸雅笋、芦笋切成 5 厘米长的段汆水，断生后捞入凉开水中漂凉，备用。

❹高压锅完全泄压后，开盖，捞出牛腩肉切成小块。

❺锅内放入熟香菜籽油，开中火烧至四成热，下青、红尖椒段、鲜藤椒炒香，下牛腩块、雅笋段及煮牛腩的汤汁煮开后，转中小火烧约 3 分钟至入味，起锅前淋入藤椒油即可盛入盘中，摆上熟芦笋即成。

　　雅笋本身的烟香味十分适合烧荤菜，能为菜肴增添一份有深度而独特的韵味。就像人们都爱吃烧烤一样，若从理性分析来说就是烟味加上焦味，但从感性来说，这样的味道代表一种潜意识中的原始情感和幸福感。与烧菜的丰厚、浓郁、融合而令人满足的滋味特色有呼应之处，还会带来口感上的变化。

**美味秘诀：**

❶使用高压锅煮肉时，避免煮得过软，影响后续的烧制效果。

❷菜烧好起锅前，可捞出色、形不佳的青、红尖椒段，下入新鲜青、红尖椒段，成菜色泽更佳。

**雅自天成▲** 洪雅山地多，拥有丰富的梯田景观，柳江古镇的景观开发也融入了这一特色。

MIXING **087**

# 藤椒猪肋排

**特点** / 质地适口，味感丰富

**味型** / 藤椒五香味　　**烹调技法** / 卤

**原料：**

猪排骨 1500 克，老姜 150 克，大葱 50 克，小米辣椒 30 克，香料包（红曲米 15 克，八角 9 克，山奈 9 克，小茴香 20 克，桂皮 5 克，千里香 2.5 克，白蔻 4 克，白芷 25 克，甘草 5 克，月桂叶 4 克，灵草 2 克，丁香 0.5 克，干藿香 2 克，全部装入纱布袋中）

**调味料：**

精盐 8 克，鸡精 6 克，清水 4500 克，清汤藤椒酱 600 克（2 袋），藤椒油 50 克

**做法：**

❶汤锅下入清水 2500 克、精盐、鸡精、清汤藤椒酱、老姜（拍破）、大葱（挽结）、小米辣椒（对切）和香料包调成卤水，开大火烧沸后转中小火续煮 15 分钟即成卤水。

❷炒锅中下入清水 2000 克大火烧开后转中大火，排骨斩成 6 厘米的段，下入沸水中焯水后冲洗干净。

❸将焯水洗净的排骨放入卤水锅中，烧开后转小火卤制 40 分钟即可捞起，刷上藤椒油，装盘即成。

卤汁使用的次数越多、时间越长，所含的可溶性蛋白质等滋味成分越多，因此滋味越美，然而这较适合高频率制作卤货的厨房。对于今日菜品多样且更换频率高的多数餐馆酒楼而言，就有些麻烦。这里有一个创新思路，即运用复合味藤椒酱料让卤汁瞬间拥有极为丰厚、复杂的复合味，成菜滋味独特且浓厚，让菜单规划更有弹性。

**美味秘诀：**

❶卤制排骨时火一定要小，采用浸泡的方式使之入味。如果加热时间过长，容易导致骨肉分离。

❷卤汁可以适当重复使用，但应注意以下事项：**a.** 撇除浮油、浮沫，并经常过滤去渣；**b.** 夏秋季每天早晚各烧沸灭菌 1 次，春冬季可每日或隔日烧沸灭菌 1 次，避免卤水馊掉；**c.** 香料袋每卤过 2 次就应更换，其他调味料及水则应每卤一次原料即添加一次。

洪州风情｜**九大碗**｜传统田席九大碗的大厨都拥有拿手绝活，各个都技艺高超且有极佳的应变能力，可以说是餐饮江湖中的隐世高手。

MIXING **088**

# 藤椒长生果拌鸡

**特点** / 色泽清爽，肉香弹牙，酸香爽口

**味型** / 藤椒酸辣味　　**烹调技法** / 煮、拌

　　长生果是花生的美称，又有"素中荤""植物肉"的美誉，更是最物美价廉的坚果类食材。此菜选用新鲜的花生作为辅料，取其脆爽鲜甜，与鸡肉一起吃具有绝佳的提味效果。作为凉菜多是开胃角色，因此调味上以藤椒油的清香麻加上醋、辣椒、糖的酸香鲜辣，调出爽口清香的滋味。

**原料：**

鸡腿 300 克，去皮生花生米 50 克，蒜头 10 克，青美人辣椒圈 5 克，红美人辣椒圈 5 克

**调味料：**

精盐 4 克，醋 50 克，糖 8 克，青尖椒籽油 40 克，藤椒油 5 克

**做法：**

❶鸡腿洗净，下入冷水锅开中火煮开，转小火煮约 10 分钟，捞出晾凉。

❷将熟鸡腿去骨取肉切成丁，蒜头剁成蓉，放入盆中。

❸取一碗加入精盐、醋、糖搅化后倒入盆中，调入青尖椒籽油、藤椒油、去皮生花生米和青、红美人辣椒圈拌匀，即可装盘。

**美味秘诀：**

❶应选用跑山鸡的鸡腿肉，肉质紧实适合凉拌，口感有弹性，肉鲜香甜与花生的酥香脆让口感滋味有更多变化。

❷煮鸡腿时可加几片姜片与几段葱，进一步增香。

**洪州风情｜洪雅羊肉汤｜**

　　洪雅早期农林业劳动人口多，早餐要吃得饱，且因认为羊肉滋补而催生早上卖"碗碗羊肉"的店铺，据说吃一碗可以顶两餐，形成今日清炖羊肉当早餐的食俗。炖得软嫩的羊肉，蘸上小米辣椒、香菜、豆腐乳的蘸碟，十分对味，再喝一口原汤，极度鲜爽。洪雅城区内有许多经营三代以上的老店，到了晚上改为"羊肉锅"的形式，并提供各式羊肉或羊杂的菜肴。

MIXING **089**

# 椒香牛排骨

**特点** / 醇厚爽口，椒香味浓，回口麻辣

**味型** / 藤椒麻辣味　　**烹调技法** / 煮、烧

**原料：**

牛排骨 300 克，面条 100 克，大蒜 10 克，老姜 10 克，大葱 5 克，仔姜丁 5 克，蒜头丁 5 克，洋葱丁 6 克，小米辣椒丁 8 克，青二荆条辣椒丁 6 克，泡红辣椒粒 20 克

**调味料：**

精盐 4 克，味精 2 克，鸡精 3 克，料酒 10 克，清水 300 克，山奈、胡椒面、八角各 1 克，豆瓣 20 克，熟香菜籽油 50 克，藤椒油 8 克

**做法：**

❶牛排骨砍成约 6 厘米长的小段，入沸水锅汆一下，去除血水。

❷把牛排骨放入高压锅，加入清水、精盐、味精、鸡精、老姜、大蒜、大葱、山奈、胡椒面、八角、料酒，盖好锅盖，中大火烧开上气后，转中小火压煮 30 分钟。关火，充分泄压后打开锅盖捞出香料。

❸取一汤锅，放入适量的水，中大火煮沸，下入面条，煮至八分熟，捞起后垫于盘底。

❹锅内放菜籽油，开中火烧至五成热，下仔姜丁、蒜头丁、洋葱丁、小米辣椒丁、青二荆条辣椒丁炒香，再加入豆瓣和泡红辣椒粒炒香。

❺将高压锅中压煮好的牛排骨连汤一起下入锅内烧约 3 分钟至入味，转中大火收汁后加入藤椒油推匀，起锅盛入盘中的面条上即可。

虽然牛排骨肉较少，但成菜后的滋糯鲜甜却是很多人怀念的味道和口感。此菜做成椒香麻辣口味更是诱人。但真要排骨肉吃到过瘾，在花费上就有些不切实际，为充分满足想过把瘾的欲望，选用面条垫底，让面条充分吸收牛排骨的汤汁，会发现面条滋味完全不输牛排骨。

**美味秘诀：**

❶若是没有高压锅，可以改用小火慢煮牛排骨，水量改为600克，煮约1.5小时。

❷面条避免太早煮，以免捞起后凉掉或粘在一起。面条煮至八成熟即可捞起，成菜后面条才筋道。

❸注意高压锅的使用安全，务必确认压力阀没有堵塞，盖好锅盖后开始煮。煮好关火后务必等充分泄压才打开锅盖。

**雅自天成▲** 桫椤树是现存唯一的木本蕨类植物，极其珍贵，有"活化石"之称。图为洪雅桫椤峡景区的桫椤树。

MIXING **090**

# 藤椒蝴蝶鱼卷

**特点 /** 色泽清爽，酸香多滋，清香微麻

**味型 /** 藤椒酸辣味　　**烹调技法 /** 蒸、淋

**原料：**

雅鱼 3 条（约 2000 克），胡萝卜 50 克，芹菜 30 克，金针菇 30 克，蒜头丁 5 克，小米辣椒丁 5 克，青二荆条辣椒丁 5 克，青葱叶 12 叶

**调味料：**

精盐 4 克，味精 2 克，鸡精 3 克，白糖 3 克，醋 12 克，鲜汤 10 克，冰鲜青花椒 5 克，藤椒油 10 克

**做法：**

❶雅鱼去鳞片、治净，取下两侧鱼肉，剖成大长片放入盆中，调入精盐 2 克，码匀入味。鱼头鱼尾各取一只，置于长盘两端，备用。❷胡萝卜、芹菜、金针菇改刀成长约 7 厘米的丝。青葱叶入沸水锅烫软，备用。❸取一鱼片，包卷入适量的胡萝卜、芹菜、金针菇丝成鱼卷，用熟软青葱叶绑起，置于长盘。将鱼卷一一完成摆入盘中。❹将鱼卷盘放入蒸笼，大火蒸约 10 分钟至熟。❺锅中下入藤椒油，开中火烧至五成热转中小火，下入精盐 2 克、味精、鸡精、白糖、蒜头丁、小米辣椒丁、青二荆条辣椒丁和醋炒香。

在洪雅、雅安一带，鱼类学中的重口裂腹鱼和齐口裂腹鱼都被称为雅鱼，主要生活在缓流的水湾中，习惯潜伏在河流的深坑或水下岩洞中，又有"丙穴鱼"之称，两者外形与食用滋味都十分相似，肉质鲜美，富含脂肪。做成鱼卷后蒸制淋汁最能品尝雅鱼的鲜腴。

最后放入鲜汤、冰鲜青花椒略拌，起锅，淋于蒸好的鱼卷上即成。

**美味秘诀：**

❶选用洪雅地方的肥美雅鱼，成菜更加鲜美。❷蒸鱼卷应等蒸笼蒸气冲出后再送入蒸笼并开始计算时间，蒸出来的滋味、口感较佳。❸让鱼肉码上底味，成菜滋味更加融合。

洪州风情 | **高庙古镇** | 高庙古镇位于花溪的源头，在镇下方的溪床上有清朝光绪年间刻在天然岩盘的"花溪源"三个大字。图为"花溪源"石刻及周边河谷景观。

MIXING **091**

# 藤椒鲜鹅肫

**特点** / 口感脆爽，酸辣鲜香
**味型** / 藤椒酸辣味　　**烹调技法** / 煮、拌

多数禽类的内脏下水类食材都十分有趣，煮得刚好，口感极脆，一过火就老，再煮就发绵。烹饪的有趣之处也在于此，变化在须臾之间，同样的料，前处理、刀工、工艺、火候、比例等稍有一点不同，产生的味感就不同。可以说追求恰如其分、尽善尽美的烹调、滋味、造型的过程就是一种艺术创作与享受。

**原料：**

鲜鹅肫 500 克，老姜片 3 片，青葱段 50 克，蒜头碎 5 克，青二荆条辣椒碎 8 克，红二荆条辣椒碎 8 克

**调味料：**

精盐 3 克，味精 3 克，鸡精 3 克，白糖 4 克，醋 10 克，藤椒油 10 克，香油 5 克

**做法：**

❶鲜鹅肫剥去内部黄皮后充分洗净，剞菊花刀后改刀成块，放入盆中，加精盐 2 克，码匀静置约 7 分钟至入味。❷青葱段摆入盘中，码齐。码入味的鹅肫下入煮有老姜片的沸水锅中煮熟，沥水后放入盆中。❸调入精盐 1 克、味精、鸡精、白糖、醋、蒜头碎和青、红二荆条辣椒碎拌匀，再下藤椒油、香油拌匀后盛入盘中的青葱上。

**美味秘诀：**

❶鲜鹅肫清洗时，可先用适量的盐及料酒充分搓揉后再冲洗干净，可进一步去除臊味。❷煮鹅肫时，控制好煮的时间，刚熟透的口感较佳，脆中带嚼劲。煮久了口感绵实没嚼劲。❸可将红二荆条辣椒换成小米椒辣，鲜辣味更突出。小米椒辣用量要适当减少，避免变成燥辣和酷辣。

**雅自天成** ▼ 洪雅县政府位于洪川镇。图为早晨街道风情。

经典的红油味香辣微甜，这一微甜感是红油味醇厚与回味悠长的关键，却也是红油味吃多了腻人的关键。此菜利用藤椒油的清香麻让红油味变得鲜爽些，可以更好地烘托牛百叶的爽脆、青笋的鲜脆口感。

**原料：**

牛百叶 100 克，青笋 100 克，蒜蓉 3 克，香菜末 2 克，香葱末 2 克

**调味料：**

精盐 2 克，味精 1 克，白糖 2 克，生抽 2 克，香醋 3 克，红油 5 克，香油 3 克，藤椒油 3 克

**做法：**

❶将牛百叶改刀成长片状。青笋切成与牛百叶宽度一样大小的长条。❷牛百叶及青笋条焯水至断生，用凉开水冲凉后捞起沥干。❸取牛百叶将青笋卷起，装盘。❹把所有调味料放入碗中，搅匀成味汁，浇在牛百叶卷上即可。

**美味秘诀：**

❶凉拌用的牛百叶对质量、鲜度要求较高，原料好，成菜口感佳且异味更少。❷食材入沸水焯水时，掌握好时间并立刻用凉开水漂凉，口感才会爽脆。凉开水中可放适量冰块，降温效果更佳。❸味汁务必搅匀，避免糖、盐没溶化，影响口感。

MIXING **092**

# 藤椒爽脆百叶

**特点 /** 色泽清新，鲜香脆爽

**味型 /** 红油藤椒味　　**烹调技法 /** 拌

**雅自天成▼** 槽鱼滩电站的早晨。

MIXING **093**

# 碧绿木香串串

**特点** / 荤素搭配，口感脆爽，鲜辣奇香

**味型** / 藤椒木香味　　**烹调技法** / 煮

　　此菜品用新的形式诠释经典菜品"藤椒钵钵鸡"，保留串串的形式，而将汤钵的味道全浓缩进一碟碧绿的酱汁中，改泡为蘸，成菜造型也让人耳目一新。滋味上改以洪雅另一地方特产"木姜油"做主角，但因木姜的气味强、欠层次，因此调入少量藤椒油，让气味变得独特而有层次。

**原料：**

去骨熟鸡腿肉 150 克，熟青笋片 30 片，青美人辣椒 500 克

**调味料：**

精盐 3 克，味精 2 克，糖 7 克，猪油 10 克，清水 25 克，水淀粉 10 克，藤椒油 7 克，木姜油 5 克

**做法：**

❶鸡腿肉改刀成片，和熟青笋片一起用竹扦串好备用。

❷将青美人辣椒用榨汁机榨成无渣的青椒汁。

❸取净锅，放入猪油开小火烧至四成热，下青椒汁推散，调入精盐、味精、糖熬化。

❹熬化后加清水烧开，接着用水淀粉勾芡，调入藤椒油、木姜油即成青椒酱，起锅盛入碟中。

❺将串好的鸡肉串与青椒酱一起摆盘，蘸酱食用。

**美味秘诀：**

❶青椒酱可批量制作再按需要取用，但不可久放。少量制作时可接用青辣椒蓉做，只是口感不化渣。

❷鸡腿肉不能煮到软烂，易散不好串，有些嚼劲成菜才能越嚼越香。

洪州风情 | **木姜子** |

木姜子主要分布在四川盆地西部及西南部，如洪雅、峨眉、峨边、雷波等县。洪雅地区主要分布在海拔高度 1000 多米的常绿阔叶林中。

MIXING **094**

# 激情大黄鱼

**特点** / 热烫喷香，色泽鲜艳，醇厚香辣

**味型** / 藤椒香辣味　　**烹调技法** / 炸、烧

**原料：**

大黄鱼 1 尾（约 600 克），青美人辣椒指甲片 40 克，红美人辣椒指甲片 40 克，洋葱指甲片 40 克，蒜末 5 克，姜末 10 克，香菜末 5 克，胡萝卜末 5 克，西芹末 5 克，葱花 5 克

**调味料：**

精盐 3 克，鸡精 2 克，味精 2 克，白酒 15 克，胡椒面 1 克，老干妈豆豉辣椒酱 5 克，辣鲜露 10 克，鲜味露 5 克，蚝油 10 克，脆炸粉 20 克，清水 80 克，藤椒油 15 克，色拉油适量（约 1500 克）

**做法：**

❶取一汤钵，下入精盐、鸡精 1 克、味精 1 克、姜末 5 克、香菜末、胡萝卜末、西芹末、葱花、白酒、胡椒面、辣鲜露 5 克后充分搅拌即成腌料。

❷大黄鱼处理干净后，均匀抹上腌料腌制约 10 分钟至入味。

❸取出腌制好的大黄鱼，除净腌料，蘸上脆炸粉，放入加热至六成热的油锅中炸至金黄，出锅待用。

此菜品的滋味厚而复杂，码味运用了大量的香菜和蔬菜，有些独特，这一手法在西式烹饪中较常见。然而这道菜是否美味，关键在鱼够不够新鲜。今日多数人都以为味重味厚的川菜其主料鲜度不重要，其实是对川菜烹饪的错误认知，味重味厚的菜虽是吃味道，但完美的厚重味道是包含了食材本身的鲜、香、甜，也就是主料的滋味属于调味的一部分，概括为一句话就是"复合味中能吃到本味的美"。

④锅炙好后放入色拉油60克，开中大火烧至五成热，下入姜末5克、蒜末炒香。同时将铁盘置于另一炉火上烧热。

⑤接着依次放入老干妈豆豉辣椒酱、蚝油、洋葱片和青、红美人辣椒片，炒香后加清水煮开。

⑥放入炸得金黄的大黄鱼、鲜味露、辣鲜露5克、鸡精1克、味精1克煮开后，转小火慢烧约5分钟，待汁水收干后，调入藤椒油，盛入烧得热烫的铁盘即可。

**美味秘诀：**

❶腌料务必充分搅拌，让蔬菜类的腌料味道释出，腌制才有意义。

❷脆炸粉也可自制：取面粉250克、泡打粉2克、盐1克，充分拌匀即可。

**洪州风情｜人力三轮｜**将传统地方风情转型为旅游资源是一个地方发展旅游的最佳方式，这种风情特色是属于花钱也做不出来的。在洪雅，因县城小、地势平缓，成功地将早期代步的人力三轮转换为城里人及游客短途出行的最佳交通工具。

MIXING **095**

# 藤椒黔鱼

**特点** / 鲜酸微辣，肉质滑嫩，藤椒味浓郁

**味型** / 藤椒酸辣味　　**烹调技法** / 煮

**原料：**

黔鱼1条（约1000克），清水雅笋50克，酸菜丝18克，泡萝卜丝、泡姜米各10克，小黄姜米8克，蒜米8克，青、红美人辣椒圈各10克，冰鲜青花椒10克

**调味料：**

精盐7克，味精5克，鸡精5克，白胡椒面1克，花雕酒15克，生粉50克，鸡蛋清1个，鸡油40克，高汤400克，藤椒油10克

**做法：**

❶黔鱼处理干净，取下鱼肉后将鱼头、鱼尾和鱼排砍成块，放入盆中。

❷鱼肉片成片放入盆中，依次加入精盐2克、白胡椒面、花雕酒10克、鸡蛋清和生粉码味上浆。

❸锅内掺清水用中火烧开，下入清水雅笋焯水垫入盘底。接着转中小火加精盐2克和花雕酒5克，依次下入鱼头、鱼尾、鱼排、鱼肉片滑一水，捞出备用。

❹锅内加入鸡油，开中火烧至五成热，将酸菜丝、泡萝卜丝、泡姜米、小黄姜米、

　　泡菜在许多川菜菜品中是体现主要风格的调味辅料，蔬菜经过泡制发酵后，产生复杂而醇厚的咸鲜酸香味，于是利用泡菜做调味辅料的菜品基本不用盐或用少量。藤椒油对于泡菜酸香、酸辣的滋味有绝佳的提升效果，从酸香醇厚变成鲜爽酸香醇厚。

蒜米炒香，加入青、红小米辣椒圈、冰鲜青花椒略炒。

❺倒入高汤烧开，加入精盐3克、味精和鸡精，放入滑好水的鱼头、鱼排、鱼尾和鱼肉片，转小火煨至入味，最后加藤椒油推匀即可起锅盛入盘中的雅笋上。

**美味秘诀：**

❶制作鱼类菜品时火候不宜过大，以免冲碎鱼肉。

❷此做法也可用于制作其他河鲜类菜式。

**雅自天成**▲ 雅女湖晨曦。

MIXING 096

# 富贵雅鹅荟

**特点** / 冰凉滑脆，鲜辣爽麻

**味型** / 藤椒鲜辣味　　**烹调技法** / 卷、淋

**原料：**

鲜鹅肠 200 克，清水雅笋 50 克，老姜 20 克，胡萝卜 30 克，姜末 15 克，蒜末 3 克，青小米辣椒碎 5 克，红小米辣椒碎 15 克

**调味料：**

精盐 2 克，味精 1 克，生抽 3 克，高汤 30 克，藤椒油 8 克

**做法：**

❶将鲜鹅肠刮洗干净后，烫熟捞入冰水冰镇，待用。

❷雅笋切成长 6 厘米的段后撕成丝，老姜、胡萝卜也切成长 6 厘米的丝，分别焯水后捞起，下入冰水中降温、泡凉，捞起挤干水分。

❸用缠卷手法将雅笋丝、胡萝卜丝、老姜丝置于一冰凉的熟鹅肠上，均匀缠绕成鹅肠卷，全部卷好后，剩余三丝置于盘中打底，然后把鹅肠卷摆上。

❹取一碗放精盐、味精、生抽、高汤、姜末、蒜末和青、红小米辣椒碎、藤椒油调成味汁，淋于鹅肠卷上即成。

　　此菜品利用鹅肠的滑脆卷裹脆性的蔬菜食材，产生多层次的脆感，加上藤椒的清香麻、鲜辣椒的鲜辣滋味，从口感到滋味都围绕爽口的主食感。主料中，变数最大的就属鹅肠，一是本身的质量问题，二是制熟的火候。鹅肠选择一般是越宽厚的越好，颜色以土黄色中带着粉嫩的红色的为佳。

**美味秘诀：**

❶烫鹅肠时水量要多且滚沸，烫的时间应在 10 秒上下，断生就捞起，口感才滑脆，煮久就老韧且会缩小。

❷鹅肠卷盘卷好后可先置于冰箱冷藏，要食用时再取出淋上味汁，更加冰爽。

❸家庭烹制时可将高汤换成凉开水，方便成菜。

洪州风情 | **关圣街** | 位于县城核心，商业步行街旁的关圣街具有完整的早期商业街的风貌，经过适当的维护后，彰显出浓浓的历史底蕴。图为 2016 年前后对比。

MIXING **091**

# 鲜椒鸭掌

**特点** / 清香麻辣，鸭掌脆嫩
**味型** / 藤椒鲜椒味　　**烹调技法** / 拌

　　拌菜，通过拌制让味道均匀裹覆在食材上成菜，因为没有入味时间或烹煮入味的过程，所以在选用调料和调味就有些基本原则。首先，主料要鲜美或使其有底味，其次是主要调味料本身香气和滋味鲜明，并且具有容易入味、出味或巴味的特质，最后再决定加哪些调味料进行风味的完善。掌握这两项原则后，基本能做到滋味融洽、有特点。

**原料：**

鲜鸭掌 300 克，清水雅笋 100 克，小香葱 10 克，大葱 10 克，青美人辣椒 10 克，红小米辣椒 5 克，生姜 5 克，鲜藤椒 10 克

**调味料：**

精盐 3 克，味精 1 克，鸡精 2 克，辣鲜露 5 克，藤椒油 5 克

**做法：**

❶鸭掌去骨、洗净；雅笋改刀成长 6 厘米的节，再撕成丝状。

❷雅笋丝下入沸水锅中焯一水，捞起晾凉；再下入去骨鸭掌汆烫至熟，捞起晾凉，待用。

❸将小香葱、大葱、青红辣椒、生姜、鲜藤椒一起剁成碎末状，放入碗中，调入精盐、味精、鸡精、辣鲜露、藤椒油拌匀即成味汁。

❹将晾凉的雅笋丝置于盘中打底，熟凉鸭掌盖在上面，淋上味汁即成。

**美味秘诀：**

❶鸭掌要去干净骨头，成菜后才方便食用。充分洗净以避免夹杂腥异味。

❷将香辛料一起剁成碎末再调成味汁，其鲜香味更浓，滋味更厚实。量多时可用蔬菜调理机搅碎，更快速。

**雅自天成▲** 青衣江大桥夜景及青衣江夕照。

MIXING **098**

# 椒香海芥菜

**特点** / 煳香酸辣，质嫩脆口

**味型** / 藤椒酸辣味　　**烹调技法** / 拌

海芥菜即裙带菜，是一种海藻，但与海带是完全不同的两个品种。现多在洁净的近海海域筏式养殖。叶状体是主要食用部位，市场上多经切片处理成细长的条状，又有海带芽之名。相较于海带，海芥菜的海味较轻，接受度较高，口感滑脆，十分适合凉拌。

**原料：**

海芥菜 250 克，红花椒 1 克，干二荆条辣椒段 3 克

**调味料：**

精盐 2 克，辣鲜露 5 克，香醋 8 克，熟香菜籽油 10 克，藤椒油 8 克

**做法：**

❶把海芥菜洗净、切段，放沸水里焯熟，捞起后摊开晾凉。❷取一碗，放入精盐、辣鲜露、香醋、藤椒油调匀。❸锅中下入菜籽油，中火烧至五成热，下入红花椒、干二荆条辣椒段炒出煳香味，起锅冲入装有调料汁的碗中，搅匀即成味汁。❹将晾凉的海芥菜放入盆中，淋入味汁拌匀，装盘即成。

**美味秘诀：**

❶海芥菜烫熟后应尽快降温，避免余热导致口感变软。有条件的话可用冰水降温，口感更脆嫩。

❷相较于调入现成的常温煳辣油，用现做的热烫煳辣油冲入调料汁中可以激发出更丰富的香气。

**洪州风情** | **德元楼** | 德元楼为川南四合院风格，一二楼有许多古董、文物收藏展示。四合院中间有一大戏台，一楼有三个大小不同的用餐区，二楼则是卡座及包间。最为特别的是屋脊上有一神兽神似西方的天使，下次到德元楼记得去找找！

## MIXING 099

# 藤椒雅笋

**特点 /** 烟燻味雅，鲜辣香麻，清脆爽口
**味型 /** 藤椒烟燻味 　　**烹调技法 /** 拌

### 原料：

清水雅笋 250 克，小米辣椒末 10 克，蒜末 5 克，香菜末 3 克

### 调味料：

精盐 1 克，味精 1 克，辣鲜露 3 克，美极鲜 2 克，藤椒油 8 克

### 做法：

❶将清水雅笋切成菱形块。

❷锅中下入清水，中大火烧开，下入雅笋块焯水，捞起沥水晾凉后，放入盆中。

❸盆中调入精盐、味精、小米辣椒末、蒜末、香菜末、辣鲜露、美极鲜、藤椒油拌匀，摆入盘中成花形即成。

### 美味秘诀：

❶清水雅笋本身是熟的，焯水的目的是去除封装保存产生的杂味，入锅时间避免过长，而使得烟熏味及笋味丧失。

❷拌好后静置一下，成菜更入味。

洪州风情 ┃ 苦笋 ┃

　　每年春末的苦笋季节，几乎各个场镇、农贸市场都有热闹的买卖风情。

MIXING **100**

# 过水长江武昌鱼

**特点** / 鲜美滑嫩，鱼香味浓郁

**味型** / 藤椒鱼香味　　**烹调技法** / 煮

**原料：**

武昌鱼 1 条约 1000 克，姜片 10 克，葱段 8 克，香芹段 5 克，洋葱丁 8 克，胡萝卜丁 6 克，蒜末 8 克，泡姜末 10 克，泡椒末 10 克

**调味料：**

精盐 10 克，味精 1 克，鸡精 2 克，胡椒面 3 克，白酒 3 克，白糖 4 克，香醋 6 克，保宁醋 5 克，水豆粉 10 克，色拉油 30 克，猪油 10 克，藤椒油 8 克

**做法：**

❶ 将武昌鱼宰杀治净后，在鱼身上剞花刀，均匀抹上精盐 3 克、白酒腌制入味。

❷ 锅中加入清水 1500 克、姜片、葱段、香芹段烧开后调入精盐 7 克、味精、鸡精、胡椒面、猪油，下入腌制好的鱼，转小火煮至熟。

❸ 另一锅加入色拉油，开中火烧至五成热，放入蒜末、泡姜末、泡椒末、洋葱丁和胡萝卜丁炒香，加入煮鱼的原汤 70 克、白糖煮化后，用水豆粉勾芡，再下香醋、保宁醋煮开，淋入藤椒油成味汁。

❹ 将锅内煮好的武昌鱼捞起放入盘中，淋上味汁即成。

　　武昌鱼主产于长江中下游及附属湖泊，鱼名"武昌"不是指今天的湖北武昌，是指古武昌，现今湖北的鄂州，自古鄂州梁子湖产的质量最佳，故而以产地为名。武昌鱼肉质细致，烹煮时间过久则失去最佳滋味，因此通过码味再入调味过的汤中煮熟后淋汁，可确保入味及烹煮时间恰到好处，川菜中习惯称这一手法为"过水"。

**美味秘诀：**

❶煮鱼时避免火力过大冲碎鱼肉。要掌握好熟度，以刚熟最佳，煮久了鱼肉容易变得干柴。

❷煮鱼的汤汁味要调足，避免鱼煮好后底味不足，成菜滋味会变得离散而单薄。

❸烹制鱼香味汁时，下料环节、顺序是否做到位，是风味优劣的关键。

洪州风情 | **五龙祠** | 位于止戈镇五龙村，现存风貌为清代培修重建后的样子，由前殿、正殿、石柱房、宫保府、洪川祠、望月楼组成的四进三院建筑群，正殿奉祀城隍爷。环境清幽，门楣、窗花雕饰古朴，柱础石雕十分精美。

MIXING **101**

# 藤椒笋丝佐香煎金枪鱼

**特点** / 鱼外酥里嫩，笋丝麻香爽口

**味型** / 藤椒味　　**烹调技法** / 拌、煎

　　此菜使用远洋食材"金枪鱼"，融合了西餐形式，保持中式风味特点。细究调味可以发现，实际上是在西式调味的基础上融合粤菜与川菜，属于热烹冷吃的菜品，西餐中常作为前菜。

　　在多重融合中，清鲜、爽口是这道菜的主调，藤椒笋丝的碧绿爽麻，半熟的鱼肉熟中带鲜都是顺着这一主旋律，具有十足的品尝乐趣。

**原料：**

金枪鱼肉 200 克，鲜嫩苦笋 60 克，小香葱花 15 克

**调味料：**

精盐 2 克，柠檬汁 30 克，青花椒面 1 克，干葱头碎 8 克，熟香菜籽油 10 克，藤椒油 1 克

**做法：**

❶ 干葱头碎 6 克和小香葱花一起纳入研钵，调入精盐、青花椒面 0.5 克、柠檬汁 10 克、藤椒油研压成蓉泥状，即成藤椒葱椒酱。

❷ 鲜嫩苦笋切粗丝，拌入约 10 克藤椒葱椒酱，备用。

❸ 金枪鱼加柠檬汁 20 克、青花椒面 0.5 克、干葱头碎 2 克腌制入味。

❹ 锅中下入熟香菜籽油开中大火烧至六成热，下腌入味的鱼肉煎至表面金黄酥香即可起锅，切厚片后装盘。淋上藤椒葱椒酱，配上藤椒笋丝即可。

**美味秘诀：**

❶ 苦笋选用适合生食、新鲜而嫩的部位，笋香特别丰富。若没新鲜苦笋，可用其他鲜笋替代，但拌味前要先氽或焯过，使其断生。

❷ 此菜的金枪鱼是作为类似生鱼片食用，因此不需要煎到熟透，只要表面金黄酥香即可。

❸ 干葱头即晒干的火葱头（又名红葱头），使用时须剥去干硬外层。

**雅自天成▲** 位于汉王乡的汉王湖是洪雅人最爱的休闲钓鱼去处，完全得益于其崎岖的水岸，形成天然的鱼窝。

MIXING **102**

# 鲜椒浸生蚝

**特点 /** 滑嫩鲜甜，味感新颖，椒香味浓

**味型 /** 家常藤椒味　　**烹调技法 /** 煮

**原料：**

生蚝 100 克，蚝壳 6 只，葱花 10 克，姜末 15 克，蒜泥 8 克，二荆条青辣椒圈 8 克，冰鲜青花椒 5 克

**调味料：**

精盐 6 克，味精 3 克，鸡精 8 克，豆瓣蓉 8 克，香油 3 克，高汤 500 克，熟香菜籽油 15 克，藤椒油 3 克

**做法：**

❶取出生蚝肉洗净去肠，入沸水中汆去黏液。再下蚝壳烫透，捞起后摆入盘中。

❷锅内放入熟香菜籽油，中火烧至五成热，下葱花、姜末、蒜泥、豆瓣蓉炒香，加入高汤煮开，调入精盐、味精、鸡精，下生蚝煮约 2 分钟至入味。

❸净锅内放入香油、藤椒油、熟香菜籽油，中火烧至六成热。将入味的生蚝肉分别舀入烫过的蚝壳中，一一放上二荆条青辣椒圈、冰鲜青花椒，再将烧好的热油淋在上面即可。

　　"生蚝"是西餐厅的叫法，本名应为"牡蛎"，广东人只叫"蚝"。地方名的混淆也形成了市场上将个头小的称为"牡蛎"或另一地方名"蚵仔"，个头大的称为"蚝"等不成文的规则，实际上大小与品种无关，与养殖地区有关，同一品种养在温带则长得较大，养在热带就小。

　　营养丰富的生蚝在许多地方被誉为"海中牛奶"，但对非沿海地区的人来说却十分陌生，加上"海味"浓郁，许多人是敬而远之。这里在调味上适当加重以平衡"海味"，利用鲜辣椒与藤椒带出海鲜原有的鲜味，是一种味道上的创新。

**美味秘诀：**

❶掌握好煮生蚝的时间，过短不入味，生腥味重；过长则生蚝肉缩水，口感也变得老硬。

❷家庭烹制可在煮入味后，连汤带料装入汤钵中，放上二荆条青辣椒圈、鲜藤椒后就用热油激香。

**洪州风情｜菇菌｜** 山多潮湿的洪雅，每到夏雨过后，路边林间总会冒出各种菇菌鲜货，农民们会停下手边的工作，采摘那难得的美味。特别要注意：若不懂得如何识别菇菌是否带毒性，还是在市场中买，要不风险太大。

MIXING **103**

# 蜜汁银鳕鱼

**特点** / 肉质细嫩，酥甜香浓

**味型** / 藤椒甜香味　　**烹调技法** / 炸、淋

**原料：**

银鳕鱼 2 片（约 300 克），啤酒 50 克，面包糠 40 克，青甜椒丁 12 克，红甜椒丁 7 克，洋葱丁 8 克

**调味料：**

精盐 3 克，蜂蜜 10 克，黄油 20 克，面粉 20 克，清水 50 克，水淀粉 5 克，藤椒油 5 克，色拉油适量（约 1000 克）

**做法：**

❶ 银鳕鱼洗净置于盘中，均匀码上精盐 2 克、啤酒，静置 5 分钟入味。

❷ 面粉、清水 20 克放入深盘搅匀成面糊；面包糠倒入另一干的深盘。取净锅，加入色拉油开中大火烧至六成热，转中火。

❸ 取码好味的鱼肉放入面糊中均匀裹上一层，再放入面包糠的盘中均匀蘸裹面包糠后，下入油锅炸至金黄熟透，起锅沥油。此时将干净铁盘置于另一炉火上烧至热烫。

❹ 取净锅放黄油 10 克，中大火烧至五成热，下青、红甜椒丁、洋葱丁炒香，调入

　　铁板菜源自西方的牛排餐，因烹调工艺与位上的饮食习惯致使牛排常在上桌不久就完全冷却，于是产生使用烧热的铁盘进行保温的食用方式，更发现持续的热度让香气四溢、诱人食欲。后来衍生出食材是上了餐桌再放上铁板烙熟的吃法。除了形式，这里在成菜时运用黄油的浓郁奶香来诱人食欲。

清水 30 克、精盐 1 克、蜂蜜煮开后，用水淀粉勾二流芡，淋入藤椒油即成味汁。

❺将热烫铁盘置于隔热板上，放上铝箔纸、下入黄油，化开后摆入炸好的鳕鱼，淋上味汁即可。

**美味秘诀：**

❶鳕鱼蘸裹面包糠时用压蘸的方式，确保面包糠能蘸裹牢，避免一炸就全散了。

❷铁盘要烧得热烫，成菜淋汁时必须呈现"爆"的状态，其香气、滋味才完整。

**雅自天成▼** 洪雅农村风情。

MIXING **104**

# 藤椒剁椒鱼头

**特点** / 色泽红亮，椒香浓郁，麻辣多滋
**味型** / 藤椒鲜椒味　　**烹调技法** / 蒸

剁椒鱼头源自湖南，却是从四川流行到全国的风味菜品。工艺上不复杂，滋味却十分的丰厚、诱人，关键就在剁椒酱轻度发酵产生的酸香味，让剁椒酱鲜辣酸香，对鱼鲜有很好的去腥增鲜的效果，加上适度调味，蒸煮炒烧都是美味！这里川湘融合，鲜辣酸香中加入藤椒油的清香麻，成菜的香气更丰富，辣感也变得较温和，能适应更多人的口味。

**原料：**

花鲢鱼头 1 个（约 1500 克），自制剁椒（见 055 页）200 克，清水雅笋 30 克，小芋头 100 克，藿香叶粗丝 10 克

**调味料：**

精盐 3 克，味精 10 克，料酒 12 克，胡椒面 5 克，菜籽油 100 克，藤椒油 15 克

**做法：**

❶把鱼头清洗干净，从中间砍开，展成片状。雅笋改刀成丝。小芋头去皮。❷鱼头用料酒、精盐、胡椒面腌制 10 分钟。剁椒里加入藤椒油 5 克、味精拌匀成调味剁椒。❸把雅笋丝、芋头放盘底，放上腌入味的鱼头，淋上调味剁椒，上蒸笼大火蒸约 12 分钟。❹锅中下菜籽油及藤椒油 10 克，开中大火烧至六成热，淋在出笼的鱼头上，放上藿香叶粗丝即成。

**美味秘诀：**

❶码味时间要足，成菜滋味才厚实。❷务必等蒸笼水锅滚沸，蒸汽上来后再将鱼头放入蒸制。蒸汽还没上来就放进鱼头，口感容易发柴、不滋润。

**雅自天成▲** 连接县城与山区各乡镇的主要通道红瓦路、洪高路的公路风情。

话说"野米"一名是源自其极似稻米的外形，实际上与稻谷是超远亲，是一种称为"菰"的草籽，即俗名茭白这一类植物的种子。其色泽成黑褐色，含有极高的膳食纤维造就其不好煮的特点，但越吃越香的独特香气让人一吃难忘。这里与珍贵的西餐食材肥鹅肝相结合，美味又有档次。

## MIXING 105

# 野米焗鹅肝

**特点 /** 搭配新颖，咸鲜干香，醇厚微辣
**味型 /** 咸鲜味　　**烹调技法 /** 炸、炒

### 原料：

肥鹅肝 150 克，野米 250 克，青美人辣椒菱形块 15 克，红美人辣椒菱形块 15 克，芦笋菱形块 20 克，姜片 10 克，蒜片 8 克

### 调味料：

味精 1 克，鸡精 2 克，脆炸粉 20 克，菌菇调味汁 15 克，一品鲜豆油 5 克，美极鲜味汁 5 克，鲍鱼汁 5 克，熟香菜籽油适量（约 1000 克）

### 做法：

❶野米洗净后加清水泡透，沥干水后再加清水煮至熟透，沥干水，待用。❷锅内放菜籽油，开大火烧至六成热，转中小火。取肥鹅肝去除筋膜，洗净，切成 1.5 厘米的小块码上脆炸粉，下入油锅炸至金黄，捞起沥油。❸锅内留油约 20 克，其余的油倒至净汤锅中，留作他用；开中火烧至五成热，下入青、红美人辣椒菱形块、芦笋菱形块、姜蒜片炒香。❹放入熟野米、炸鹅肝块，调入味精、鸡精、菌菇调味汁、一品鲜豆油、美极鲜味汁、鲍鱼汁翻匀出香，即可起锅装盘。

### 美味秘诀：

❶野米本身不太吸水，不易煮透，具体煮制程序为：加欲煮之野米重量 2 倍的清水泡 3 小时，沥干水后再加 4 倍清水大火煮开，转小火、加盖煮约 45 分钟，关火，闷 20 分钟，沥干水后即为煮透的野米。❷成菜不能带汤汁，收干汤汁代表味汁都被食材吸附，成菜才味厚爽口。

**雅自天成▼** 冬日里的柳江古镇。

MIXING **106**

# 藤椒鱼丸

**特点 /** 洁净多彩，细嫩鲜美，清香味爽

**味型 /** 咸鲜藤椒味　　**烹调技法 /** 煮

**原料：**

鲈鱼肉 200 克，青豆 5 克，玉米粒 5 克，红甜椒粒 5 克，黄甜椒粒 5 克，青甜椒粒 5 克，瓢儿白 3 棵

**调味料：**

精盐 2.5 克，白胡椒面 0.8 克，老姜汁 1 克，生粉 1.5 克，水豆粉 10 克，清水 50 克，藤椒油 3 克

**做法：**

❶鲈鱼肉剔净细刺后洗净，用刀切成小块再剁成鱼肉糜，纳入盆中。

❷加入生粉、精盐 1 克、白胡椒面、姜汁，搅拌均匀，放入鱼肉。

❸用筷子将调好味的鱼肉顺时针方向搅拌，搅拌过程中将 50 克清水分 3 ~ 5 次加入，一直搅拌到鱼肉浆变得上劲、有弹性，即成鱼糁。

❹锅中下入 1000 克清水，大火烧开后转小火，保持腾而不沸。一手抓取适量鱼糁，握起手，从虎口处挤出一团鱼糁圆，另一手拿汤勺挖入热水锅中，待鱼丸浮至水面即熟。

❺另起一锅放 500 克清水，中火烧开后下入切半的瓢儿白汆熟，摆入盘中，将煮熟的鱼丸捞起、摆入盘中。

❻倒掉汆菜的热水，下入煮

　　基本上有产鱼的地方就有鱼丸这一类的菜品，各地方对鱼丸的口感滋味偏好多不相同，唯一的共通点就是"鲜"！早期没有机器辅助时，鱼丸菜品就是高档工艺菜的代名词，现今在各式食品加工机械的协助下，鱼丸产品十分普及多样，但多是冰冻保鲜。这里通过手工艺才有的极致特性，赋予鱼丸极度细嫩的鲜美滋味，因此成菜的调味料简单却十分提味，巧用藤椒油，让滋味多了爽心的清香。

鱼丸的原汤 200 克，调入精盐 1.5 克、白胡椒面 0.3 克，中火煮开，下入青豆、玉米粒和红、黄、青甜椒粒煮至断生，淋入水豆粉勾芡后调入藤椒油推匀，淋在鱼丸上即成。

**美味秘诀：**

❶鱼丸好吃的关键首先是鱼新鲜，其次就是搅打得是否到位。

❷煮鱼丸的水用小火保持微腾即可，若是滚沸则会将未定型的鱼丸冲得不成形。

❸做好的鱼丸除了直接食用，还能用于多种菜品，可以一次性大量制作后冷冻保存。

**雅自天成▲** 湖面如镜的雅女湖，在倒影的作用下，将平凡景致变得魔幻。

MIXING 107

# 椒味金丝虾

**特点 /** 色泽金黄，酥脆弹牙，鲜甜香麻

**味型 /** 藤椒甜香味　　**烹调技法 /** 炸、裹

**原料：**

鲜基围虾 150 克，土豆 50 克，姜片 12 克，蒜末 8 克

**调味料：**

精盐 3 克，胡椒面 1 克，蛋清 12 克，水豆粉 8 克，沙拉酱 8 克，炼乳 7 克，柠檬汁 10 克，熟香菜籽油 20 克，藤椒油 8 克

**做法：**

❶基围虾去壳留尾，从背切开，去掉虾线，虾仁洗净放入盆中，用精盐 2 克、胡椒面、姜片、蒜末码匀，静置约 5 分钟至入味。

❷锅中放菜籽油，开中火烧至六成热，土豆刨成细丝，下入锅中炸成酥脆土豆丝，捞起沥干油，盛入盘中。

❸另取净锅，下入清水，开中火烧沸后转小火。

❹取一深盘下入蛋清、精盐 1 克、水豆粉搅匀成蛋清糊，手拿虾仁尾蘸裹上蛋清糊，下热水锅中烫熟，待用。

❺取小汤盘下入沙拉酱、炼乳、柠檬汁、藤椒油充分搅匀即成藤椒柠檬酱。

❻手拿烫熟虾仁尾均匀蘸裹上藤椒柠檬酱后，放于酥脆

　　运用蘸裹方式成菜的菜肴在滋味与风格上较容易做出新意。因这类菜品是通过个别烹制、调理后再进行组合成菜，中间有许多环节可以做融合或置换，不改变原烹调习惯更便于市场运作。这道椒味金丝虾就是在起粘连作用的酱汁上大胆引用西式沙拉酱调制，加上柠檬汁与藤椒油的巧妙搭配，让这道外层油酥的菜品滋味十分清爽。

土豆丝上，使其蘸裹在虾仁外层——蘸裹摆盘即成。

**美味秘诀：**

❶基围虾应选用大而鲜活的，一是成菜大气，二是鲜虾的肉质较弹牙鲜甜，成菜更美味。

❷藤椒柠檬酱也可用于其他酥炸类菜品，应用广泛。

❸土豆丝越细越好，成品酥脆感较精致。

洪州风情｜**桌山**｜桌山是指山顶异常平坦的山峰。世界三大桌山分别是南美的罗赖马山（Mount Roraima）、南非开普敦的桌山 (Table Mountain) 和四川洪雅的瓦屋山。瓦屋山位于洪雅县的西南部，景致四季不同，有"春看杜鹃，夏观飞瀑，秋赏红叶，冬睹冰雪"的美誉。图为冬季里的瓦屋山，因地形的半封闭性，动植物种类非常丰富且独特，另有"杜鹃花王国""中国鸽子花故乡"的美誉。

MIXING **108**

# 椒香银鳕鱼

**特点 /** 椒香浓郁、鲜辣爽口、鳕鱼嫩滑、色泽鲜明

**味型 /** 藤椒鲜辣味　　**烹调技法 /** 汆、淋

**原料：**

银鳕鱼 300 克，姜片 8 克，姜末 20 克，蒜泥 10 克，葱节 8 克，芦笋段 20 克，胡萝卜条 12 克，红小米辣椒粒 8 克，青小米辣椒粒 6 克

**调味料：**

精盐 3 克，味精 1 克，鸡粉 1 克，生粉 7 克，料酒 6 克，豆油 4 克，白糖 8 克，醋 6 克，高汤 1000 克，藤椒油 10 克

**做法：**

❶银鳕鱼洗净切成大块，用精盐 2 克、料酒、姜片、葱节码匀，静置约 2 分钟入味。

❷汤锅下入高汤，调入精盐 2 克，中火烧开，转中小火。将码好味的银鳕鱼抹去码料，拍上生粉，下入烧开的高汤中汆熟，捞起。接着下入芦笋段、胡萝卜条汆熟，捞起沥水后与熟银鳕鱼一起摆盘。

❸取碗放入精盐 1 克、豆油、姜末、蒜泥、白糖、醋、鸡粉、味精搅匀，浇于银鳕鱼上。

❹取一碗放入青、红小米辣椒粒，锅内下藤椒油中火烧至五成热，出锅淋入碗中，

银鳕鱼油脂含量高，煮熟的口感软嫩细滑，鲜甜美味加上无细刺而受市场欢迎。除银鳕鱼外，市场上还有白鳕鱼，其口感结实带点劲。两者是不同鱼种却长得很像，加上市场上销售的多已切成块，因此只能从肉色及鱼皮进行分辨，银鳕鱼肉色米黄，鱼皮灰黑，白鳕鱼肉色白皙，鱼皮灰白。

拌匀后把青、红小米辣椒粒依次放在淋有味汁的银鳕鱼上即成。

**美味秘诀：**

❶拍在银鳕鱼上的生粉要适量，少了煮好后口感不嫩滑，多了就满口浆不爽口。

❷用藤椒油激辣椒时要避免油温过高，最高六成热，再高则会破坏藤椒油本身的清香麻。

**雅自天成**▲ 洪雅茶园风情。

MIXING **109**

# 滋味牛蛙

**特点 /** 色泽分明，汤色红亮，酸香麻爽

**味型 /** 藤椒泡椒味　　**烹调技法 /** 煮

**原料：**

治净牛蛙3只（约600克），小黄瓜条100克，泡灯笼椒250克，冰鲜青花椒20克

**调味料：**

精盐5克，味精2克，鸡精1克，蚝油8克，美极鲜8克，豆瓣红油（做法见055页）20克，高汤200克，熟香菜籽油200克，藤椒油10克

**做法：**

❶治净的牛蛙洗净，斩成块，放入盆中，加精盐3克码匀入味。

❷锅内放入熟香菜籽油，开中大火烧至四成热，转中火，入牛蛙块滑熟，捞起沥油。

❸锅内留油约30克，其余的油倒至净汤锅中，留作他用；加入豆瓣红油，开中火烧至五成热，下入泡灯笼椒炒香、出色。

❹下入高汤、精盐2克、味精、鸡精、蚝油、美极鲜、冰鲜青花椒后烧开，下入小黄瓜条、滑熟的牛蛙块翻匀，转中小火煮至入味。起锅前淋入藤椒油翻匀，即可盛盘。

　　泡椒风味的菜品因其酸香、微辣、爽口的特点而风行于市场，经典菜品之一就是2000年前后十分火爆的"泡椒墨鱼仔"，成菜风格干净利落，现在许多泡椒风味菜品的风格仍受其影响。这道滋味牛蛙在泡椒味的基础上改成以藤椒味为主、泡椒味为辅，成菜后藤椒的香麻比泡椒明显，加上牛蛙鲜甜弹牙的肉质，成就绝佳的爽口滋味。

**美味秘诀：**

❶掌握好豆瓣红油的制作，是成菜色泽与复合香气优劣的关键。

❷用低温油滑熟牛蛙肉可确保色泽洁白与肉质细嫩。

❸控制好煮制时间，时间短、滋味分散、没有醇厚感，时间长则食材综合性口感变差。

**洪州风情 | 慈云寺 |**

　　位于洪雅县城北门山的慈云寺，原名月珠寺。建于唐末，鼎盛于五代时期，元代重修。宋天圣八年（1030年）赐名为"慈云寺上院"。历代高僧辈出。明宏治刑部郎中范渊，明正德巡按雄相以及清代四川学政使何绍基等历代达官名士都曾到寺悟性参禅、游览提咏。清末后败落毁坏，1991年开始重修，目前已完成山门、主殿等主要建筑的修缮，仍在持续修复重建中。

MIXING **110**

# 藤椒石锅焖鹅

**特点** / 色泽棕红，热烫喷香，藤椒味浓

**味型** / 藤椒味　　**烹调技法** / 焖

　　焖鹅类的菜肴流行于岭南地区，成菜酱香浓郁、滋味厚实、口感弹牙，选用石锅烹制可适度节约炉火，成菜后起保温作用，也多些干香味，这得益于石锅的厚实与经常使用后吸附油脂形成天然的不粘层。在熟悉的风味中加入新滋味是当前最常用的菜品创新手法，其中藤椒油的使用最能体现这类创新优势。多数菜品不需改变工艺，只要在适当环节调入藤椒油即可得到一道风格滋味有识别度的新菜品，成菜滋味又为市场所接受。这道藤椒石锅焖鹅就是最佳范例。

**原料：**

治净鹅半只（约 1000 克），莲藕块 500 克，冰鲜青花椒 100 克，洋葱条 20 克，青美人辣椒段 20 克，红美人辣椒段 20 克

**调味料：**

精盐 10 克，味精 2 克，鸡精 2 克，生抽 10 克，清水 500 克，熟香菜籽油 20 克，藤椒油 10 克

**做法：**

❶治净的鹅宰成块，下入沸水锅中氽熟、沥干。

❷石锅内放菜籽油，开大火烧至六成热，放入鹅肉爆至外表金黄色，转中火，加入精盐、味精、鸡精、生抽、洋葱条、莲藕块和青、红美人辣椒段各 10 克继续爆炒，炒至香味出来，加入清水。

❸加盖焖煮约 15 分钟，打开锅盖，转中火，炒至汤汁收干。

❹另取一锅放藤椒油，开中火烧至五成热，下入青、红美人辣椒段各 10 克和冰鲜青花椒炒香后，出锅淋在石锅的鹅肉上即成。

**美味秘诀：**

❶爆炒鹅肉时要热锅、热油、大火，才能逼出香味且产生外干香、内嫩鲜的滋味。

❷若希望煮好的鹅肉口感偏柔软，焖的时间可加长为 25 分钟。

❸辣椒第一次入锅是要让辣香味渗入鹅肉，第二次则是增色与增香。

**雅自天成▼** 位于玉屏山下的茶园，其实是古中峰寺的遗址所在地。

MIXING **111**

# 藤椒葱香鸡

**特点** / 葱香味浓，鸡肉鲜嫩，藤椒味突出

**味型** / 藤椒味　　**烹调技法** / 煮

　　许多地方都有白斩鸡这一菜肴，常见的变化就是增添葱油香，即成葱油鸡。在葱油鸡的基础上，在不改变成菜形式的前提下，让原本葱香咸鲜的风味增添清香麻、回口微辣的滋味层次，吃来更加爽口，也令鸡肉的鲜甜感更明显。

**原料：**

治净三黄鸡约 1000 克，老姜片 15 克，大葱段 20 克，干辣椒 5 克，红花椒 2 克，小香葱 30 克（葱白切寸段，葱绿切葱花），红洋葱丝 10 克

**调味料：**

精盐 25 克，味精 5 克，鸡精 5 克，鲜椒豉油（见 055 页）40 克，色拉油 15 克，藤椒油 15 克

**做法：**

❶治净的三黄鸡去内脏洗净。取汤锅下入清水 2000 克，加精盐、味精、鸡精、老姜片、大葱段、干辣椒、红花椒，大火烧开后下入三黄鸡，汤开之后撇去浮沫，转小火卤约 8 分钟关火，浸泡约 20 分钟捞出，备用。

❷将葱段和洋葱丝放入深盘垫底。将熟三黄鸡一分为二，取半边去翅去腿宰成条状装盘，淋入用煮鸡鲜汤 60 克、鲜椒豉油、藤椒油调成的味汁，放上葱花。

❸锅内放入色拉油，开中大火烧至六成热，淋在葱花上即成。

**美味秘诀：**

❶白卤时掌握好时间，以免口感不对，口感以鲜嫩为主。时间过短则口感偏韧、硬；时间过长则偏软、肉味不鲜。

❷卤出来的鸡底味要足，成菜滋味才有整体感。

**洪州风情 | 千层底 |** 这一名词对许多 2000 年后出生的年轻人来说应该是很陌生。千层底是指数十层布缝制完成的鞋底，也指夹在核心那块定型又具弹性的"布板"。农村制作千层底的传统方式十分费工，却十分环保。在罗坝古镇有幸偶遇一阿婆正在制作千层底，只见她将回收的布料展开一层层粘贴在一起，用的粘剂是用俗名"苦栗"的果实煮熟静置发酵再加发面调成。因为是回收的布料，每一块的厚度大小都不同，要拼拼凑凑成一块大而平整的板状，全凭阿婆经验。贴到需要的厚度后，再晒 5～7 天至干透。据说用这种千层底做成的鞋，好穿又不容易臭。

MIXING **112**

# 爽口藤椒鸡

**特点** / 色泽碧绿，滋润弹牙，椒香葱香味浓

**味型** / 藤椒味　　**烹调技法** / 煮、拌

此菜品的滋味改良自传统的"椒麻味"。红花椒本身合味不压味的特性，成菜后芳香味与其他气味完全相融，导致多数人只知花椒麻不知花椒香。藤椒油的清香则是不合味，也就是说多数情况下藤椒清香都是突出于其他滋味的，香麻感鲜明，相较于红花椒就更有记忆点。

**原料：**

治净土公鸡约 1200 克，小香葱 30 克，老姜片 15 克，大葱段 20 克，冰鲜青花椒 10 克

**调味料：**

精盐 8 克，味精 1 克，鸡精 2 克，藤椒油 10 克

**做法：**

❶ 治净的土公鸡去内脏洗净。取汤锅下入清水 2000 克，加老姜片、大葱段，大火烧开后下入土公鸡，汤开之后撇去浮沫，转小火煮约 10 分钟关火，浸泡约 20 分钟捞出，晾干水气，备用。

❷ 小香葱、冰鲜青花椒一起剁成蓉状，放入搅拌盆中，加入煮鸡的原汤 100 克、藤椒油、精盐、味精、鸡精拌匀成椒麻汁。

❸ 将晾干水汽的土公鸡斩成条状，放入椒麻汁盆中拌匀，装盘即成。

**美味秘诀：**

❶ 掌握好煮土公鸡的时间，才能使成菜口感、滋味更好。

❷ 椒麻汁应现做现用，避免久放致使颜色发黑。

**洪州风情 | 雅连 |** 特指种植于雅安及洪雅瓦屋山一带近 2000 米向阳山坡的一个黄连品种，因生长周期长，现仅剩高庙镇黑山村规模种植。雅连的药理效果明显高于一般黄连，从《本草纲目》到《现代中医药典》都以雅连之名与一般黄连作区分即可证明。洪雅山区的一般黄连种植相对普遍，以黄连花为原料精制而成的黄连花茶是当地著名的土特产品。图为隐身大山中的农户在选苗及进产地的沿路景观。

MIXING **113**

# 藤椒红膏蟹

**特点 /** 酒香味浓，膏蟹咸鲜，香麻爽辣

**味型 /** 藤椒鲜辣味　　**烹调技法 /** 拌

**原料：**

生醉红膏蟹 4 只（约 1000 克），蒜泥 10 克，姜末 10 克，葱花 10 克

**调味料：**

糖 8 克、味精 2 克、美味鲜 3 克、美极鲜 3 克、鱼露 3 克，香油 5 克，辣椒油 5 克，藤椒油 10 克

**做法：**

❶ 生醉红膏蟹斩成块，装盘。

❷ 将蒜泥、姜末、糖、味精、香油、辣椒油、美味鲜、美极鲜、鱼露、藤椒油下入碗中，搅化即成酱汁。

❸ 将酱汁淋入盘中的生醉红膏蟹块上，撒上葱花即可食用。

**美味秘诀：**

此菜的滋味另一关键在生醉红膏蟹的风味，虽然市场上有现成的冰鲜醉蟹可以购买，但自制的更能让风味具有特色。以下为基本做法：取一汤锅下入盐 1200 克、味精 50 克、糖 400 克、花椒 10 粒、胡椒粉 5 克，加清水 2000 克煮开、煮化后

　　"红膏蟹"是指每年的 9 ～ 10 月期间捕捞、蟹膏饱满的梭子蟹。这期间的梭子蟹又肥又大肉质鲜嫩，多半重达半斤以上，其中以舟山海域的梭子蟹最佳，而美食家眼中最上乘的梭子蟹要数"红膏蟹"，除了有公蟹的肥美与鲜香蟹肉，红膏蟹更多了红膏的浓郁鲜香甜。此菜以江浙流行的醉蟹风味作为基础，融入四川洪雅藤椒特有的清香麻，瞬间形成迥异的滋味风格，美味又独特。

放凉成腌汁。接着倒入干净可密封的容器中，放入青葱 50 克、老姜片 100 克，备用。然后将鲜活红膏蟹 10 只（约 3000 克）用刷子将壳及缝隙处洗净后去盖，再将边上的腮羽、蟹盖中的砂囊去掉，最后将蟹的腹腔中部有一小块六角形的白色块状物去掉。全部清理好后放入盆中喷入高度白酒约 50 克，静置约 10 分钟杀菌，倒掉杀菌后的白酒。将杀好菌的红膏蟹放入装有腌汁的容器中，加入高度白酒 300 克、米醋 200 克，腌制 1 天后即成。

**雅自天成▲** 从瓦屋山复兴村的生态茶园欣赏瓦屋山的雄奇。

MIXING **114**

# 小凤椒娇鲍

**特点** / 洁净清爽，清香爽口，鲜嫩弹牙

**味型** / 藤椒味　　**烹调技法** / 拌

　　鲜鲍鱼又名鲍鱼仔、土鲍鱼、九孔。若从外观上来说鲜鲍鱼个头小、外壳为平纹，鲍鱼个头大、外壳为凹凸纹。煮熟后肉质，鲜鲍鱼的弹牙，而鲍鱼的软嫩，然两者的鲜甜不相上下。这里在鲍鱼仔弹牙鲜甜的基础上，利用藤椒油的清香麻及其他调辅料进行烘托与增味，产生新味感。

**原料：**

鲜鲍鱼 500 克，蒜米 3 克，姜米 3 克，红小米辣椒末 5 克，青小米辣椒末 3 克，香葱节 6 克，紫苏叶适量，胡萝卜丝、青笋丝适量

**调味料：**

精盐 3 克，味精 1 克，料酒 5 克，胡椒面 3 克，熟香菜籽油 30 克，藤椒油 5 克

**做法：**

❶鲜鲍鱼去壳、治净后洗净，在面上剞十字花刀，用精盐 2 克、料酒、胡椒面、香葱节码拌腌制约 10 分钟使其入味。

❷锅内放入熟香菜籽油，开中火烧至四成热，转中小火，将腌入味的鲍鱼冲去料渣、擦干，下锅浸炸至熟，捞起沥油待用。

❸将青笋丝、胡萝卜丝理成与鲍鱼数量相等的团摆放于盘中，配上紫苏叶。

❹将青、红小米辣椒末，蒜米、姜米、精盐 1 克、味精、藤椒油下入盆中拌匀，再放入熟鲍鱼拌匀，夹出鲍鱼置于盘中紫苏叶上即成。

**美味秘诀：**

❶浸炸鲍鱼时油温不能高，以避免上色后失去成菜需要的洁净感。

❷炸好的鲍鱼要沥干油，成菜才清爽。

❸掌握好鲍鱼的熟度，避免炸过头而口感变老或硬。

**雅自天成▼** 洪州大桥夜景。

MIXING **115**

# 藤椒仔兔

**特点** / 色泽分明，细嫩弹牙，椒香味浓

**味型** / 藤椒鲜辣味　　**烹调技法** / 炒

四川人估计是最爱吃兔肉的，一部分原因来自计划经济时代的养殖背景，使得兔肉资源极度丰富，另一个就是川菜玩"味"功夫极佳，让本身口感佳却没有独特滋味的兔肉能成为佳肴。运用码底味的技巧，简单小炒就能让平淡的兔肉承载诸多滋味化身惊艳美食。

**原料：**

治净兔肉 300 克，老姜片 3 片，红美人辣椒粒 15 克，青美人辣椒粒 15 克，仔姜 20 克，冰鲜青花椒 5 克

**调味料：**

精盐 3 克，料酒 10 克，美极鲜味汁 4 克，熟香菜籽油 40 克，藤椒油 8 克

**做法：**

❶治净兔肉洗净，改刀成 1.5 厘米的方丁，下入盆中加精盐、料酒、老姜片码匀入味。仔姜切成 1 厘米的方丁。

❷锅内倒入熟香菜籽油，开中大火烧至五成热，下入仔姜丁、码好味的兔丁炒至兔丁上色。

❸转中火再下青、红美人辣椒粒、冰鲜青花椒、美极鲜味汁炒香，起锅前加入藤椒油翻匀即成。

**美味秘诀：**

❶兔肉清洗后可漂一下水，去净肉中的血，膻味更少。

❷码味、入味要恰当而足，成菜滋味才有层次感。不足，滋味散不成形。过度则吃不到兔肉独特的鲜甜味。

**雅自天成▼** 在将军乡的筲箕坝，天气好时，可见江对岸的修文塔，颇有思古幽情。遇到大雾时，一幅水墨画便油然而生。

MIXING **116**

# 砂锅茄香鳝

**特点** / 热烫鲜香，麻辣回甜，软嫩味厚

**味型** / 藤椒香辣味　　**烹调技法** / 烧

**原料：**

治净鳝鱼 175 克，茄子 200 克，烧椒末 200 克，姜末 15 克，蒜末 15 克，干青花椒 10 克

**调味料：**

味精 3 克，鸡精 15 克，醋 15 克，一品鲜豆油 10 克，辣鲜露 15 克，水淀粉 10 克，菜籽油 200 克，藤椒油 10 克

**做法：**

❶ 治净鳝鱼清洗后改刀成段，入热水锅中汆水，捞出沥水。

❷ 锅中下菜籽油，开中大火烧至五成热，下改刀成条的茄子炸至熟透，捞出滤油。

❸ 砂锅洗净后，置于炉火上烧热。

❹ 锅里留油 50 克，开中大火烧至五成热，依次下入姜蒜末、干青花椒炒香，再放入烧椒末炒香，加清水 200 克、一品鲜豆油、辣鲜露、鸡精、味精、醋煮开后，淋入水淀粉勾芡成烧椒汁。

❺ 将炸好的茄条和汆过的鳝段先后放入砂锅中，淋入炒好的烧椒汁。整锅置于炉火上，以中大火烧至滚沸，淋入藤椒油，即成。

　　砂锅是由天然优质陶土加砂塑形烧制而成，造型质朴，在一众细腻质感的瓷器中相当突出。其特性为质硬，吸热快，蓄热能力强，使用时不易粘锅。以砂锅烹煮的菜肴最大特点就是"热烫"，端上桌后仍可维持烹煮能量，大量散发香气，加上汤汁吱吱作响，餐桌气氛自然热情起来。对于鳝鱼这种凉了之后容易出腥味的菜品来说，使用热烫砂锅是最佳的解决方式，强大的蓄热能力，让菜品从上桌到吃完都是热烫状态，相当于调入了"一烫抵三鲜"的滋味，用茄子当辅料更强化这一味感，更能增加鲜甜味。

**美味秘诀：**

❶热烫砂锅除了保温，实际上也是此菜品的烹煮程序的关键一环，因此砂锅的温度很重要，使用石锅的效果更佳。

❷烧椒做法：开中小火，将放有鲜青二荆条辣椒的大孔金属漏勺移至火上，持续翻动直到辣椒质地变软、外皮有不规则焦黄的虎皮状时离火，下入清水中洗净即成。

**雅自天成▼** 雅竹风情。

MIXING **117**

# 椒香土豆丸

**特点 /** 软和滋润，咸鲜清香
**味型 /** 藤椒味　　**烹调技法 /** 蒸、淋

**原料：**

土豆 500 克，香菇粒 10 克，雅笋粒 20 克，鸡蛋 1 个，红美人辣椒粒 10 克，小青椒粒 5 克，瓢儿白 10 小棵

**调味料：**

精盐 4 克，味精、鸡粉各 2 克，生粉 6 克，水淀粉 10 克，高汤 40 克，藤椒油 5 克

**做法：**

❶ 将土豆去皮洗净、切片，上笼大火蒸约 15 分钟至熟，取出压成泥。

❷ 起一沸水锅，下入瓢儿白氽熟，沥水备用。

❸ 土豆泥放入盆中，磕入鸡蛋，加入生粉、雅笋粒、香菇粒、精盐 3 克、味精 1 克、鸡粉 1 克搅匀后，取适量土豆泥做成丸状置于盘中，全部做好后上笼蒸 10 分钟至透，取出装入深盘，用熟瓢儿白围边。

❹ 锅中下入高汤，开中火烧开，下青、红椒粒略煮，调入精盐 1 克、味精 1 克、鸡粉 1 克推匀后，用水淀粉勾芡，淋入藤椒油搅匀，起锅淋在土豆丸上即成。

土豆的本名为"马铃薯"，是全球食用量第四大的粮食作物，仅次于稻米、玉米和小麦，其原产地在南美洲的安第斯山脉，对我们来说是"异国食物"，据说"马铃薯"这一名称的由来是因为其形状像古代的"马铃"。此菜将土豆蒸熟压成泥状后二次烹煮、调味而成，做法简单，老少咸宜。

**美味秘诀：**

❶土豆要选淀粉含量高，成熟后比较松软的，做成的土豆丸口感较精致。

❷此菜品吃的是咸鲜清香，藤椒油不能加多，带出雅致的清香麻即可。

**洪州风情** | **止戈镇** | 论止戈镇的地理、环境皆平淡无奇，却是见证过三国历史的古镇，公元 221 年，刘备在成都称帝建立蜀国后，西南蛮夷首领雍闿，率云南、越西一带少数民族归顺臣服，与蜀国使臣会盟于洪雅千坵坪（今洪雅县东岳镇境内），蜀国遂将当时管理千坵坪的单位驻地命名"止戈"，以示化干戈为玉帛，至今已有 1790 年历史，到北宋时建制立镇，设止戈镇，一直沿袭至今。足见洪雅历史积淀的深厚。图为止戈镇老街及周边风情。

MIXING 118

# 清香麻凉面

**特点** / 香麻可口，酸甜微辣，秀色可餐
**味型** / 藤椒糖醋味　　　**烹调技法** / 煮、拌

**原料：**

细棍面条 100 克，青笋丝 30 克，胡萝卜丝 20 克，蒜蓉 6 克

**调味料：**

精盐 1 克，鸡精 0.5 克，白糖 5 克，花椒面 1 克，红油 10 克，酱油 5 克，保宁醋 3 克，熟香菜籽油 5 克，藤椒油 5 克

**做法：**

❶青笋和胡萝卜丝放入盆中加精盐 0.5 克拌匀，使其入味并去生味，腌约 5 分钟。

❷除去青笋和胡萝卜丝多余的水分后，加入藤椒油 2 克拌匀，待用。

❸取净锅，放入 1～2 千克的水，大火烧开后转中火，下入面条煮至六成熟，捞出用菜籽油拌匀，凉冷待用。

❹取碗，下入蒜蓉、精盐、鸡精、白糖、花椒面、红油、酱油、保宁醋、藤椒油 3 克调匀成麻辣酸甜的味汁。

❺将拌油凉冷的面条用筷子卷成圆墩状置于盘中，淋上味汁，放上调好味的青笋和胡萝卜丝即成。

　　四川凉面品种多样，可说一城一市一风味，细究即发现是酸辣、鲜辣、麻辣这三种味型的延伸变化，如糖城内江的凉面就在酸辣基础上重用糖，甜香酸辣的味感十分有特色，其他地方似乎没这个味。这里则是结合藤椒味与糖醋味，十分爽口，其突出的清香味是与其他地方凉面最大的差异处。

**美味秘诀：**

❶面条煮至六成熟即可，捞起后的余温会持续熟成。不可煮得过熟，口感会不筋道、发绵。

❷拌面条的熟香菜籽油可换成生菜籽油，其独特的芳香味更浓郁。

❸青笋和胡萝卜丝事先调好味，可去除其生异味且食用时滋味更融合有层次。

**雅自天成▲** 在农村仍有许多状态良好的三合院、四合院，是洪雅最美的建筑记忆。

江苏 · 南京

# 夜上海大酒店（景枫店）

来夜上海品尝当季海鲜，体验南京人的盛情款待

**推荐菜品：**

❶蒜蓉粉丝蒸帝王蟹❷刺身加拿大象拔蚌❸蒜蓉粉丝蒸虾夷扇贝❹鲍鱼捞饭❺干烧辽参

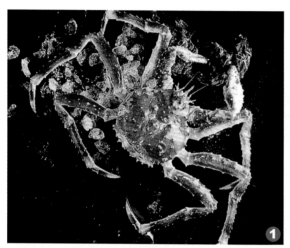

**体验信息：**

地址：南京市江宁区双龙大道 1698 号景枫广场 5 楼

江苏 · 南京

# 多哩小馆

菜品丰富，服务热情

---

**推荐菜品：**

❶豆花腰片❷肥肠鱼❸沸腾鱼❹口水鸡❺酸汤肥牛

---

**体验信息：**

地址： 南京市中山东路 300 号长发中心 4 幢一楼商铺

藤 椒 风 味 体 验 餐 厅

江苏 · 南京

# 金陵晓美椒麻鸡

健康美味藤椒菜

**推荐菜品：**

❶椒麻鸡❷椒麻鱼❸椒麻肥牛❹椒麻牛百叶❺椒麻基围虾

**体验信息：**

地址：南京市秦淮区洪武路 119 号 – 13 号

江苏·南京

# 纳尔达斯大酒店

为您的闲暇时光，带来无限乐趣

**推荐菜品：**

❶藤椒汁牛仔骨打边炉❷藤椒口条❸藤椒汁猴头菇❹藤椒南美虾❺藤椒牛键

**体验信息：**

地址：南京市江宁区分岔路口宏运大道 1890 号

江苏 · 常州

# 广缘大酒店（缘系酒店集团）

有缘有情有义，同心同德同赢

## 推荐菜品：

❶老卤酱鸭❷红烧青鱼划水❸香糟扣肉❹枣泥网油卷❺金钱虾饼

## 体验信息：

地址：江苏省常州市天宁区丽华北路 2 号

*浙江·杭州*

# 名人名家

十八年杭州知名餐饮企业，打动老百姓的餐饮名家

**推荐菜品：**

❶剁椒香芋蒸仔排❷藤椒美极元宝虾❸蒜香避风塘牛蛙❹椒麻美蛙鲜鱼片❺麻辣水煮川腰花

**体验信息：**

地址：杭州市文二路 38 号文华大酒店 4 楼 401 室

藤 椒 风 味 体 验 餐 厅

浙江·杭州

# 椒色川味餐厅

川之味，狠椒色！

**推荐菜品：**

❶椒色沸腾鱼❷椒色酸菜鱼❸泼辣酸菜鲈鱼❹味道口水鸡❺串香上上签

**体验信息：**

地址：杭州市滨江区宝龙城市广场 4 楼

浙江 · 湖州

# 莫干山大酒店

休闲度假莫干山，温馨家园大酒店

**推荐菜品：**

❶金牌酱羊肉❷莫干笋编情❸锋味茶熏鸡❹慈母干张包❺翡翠虾球

**体验信息：**

地址：浙江省湖州市德清县武康镇永安街 25 号

# 图书在版编目（CIP）数据

藤椒风味菜 / 赵跃军编著. -- 北京 ：中国纺织出版社有限公司，2020.1
（大厨必读系列）
ISBN 978-7-5180-6739-8

Ⅰ．①藤…　Ⅱ．①赵…　Ⅲ．①川菜—菜谱　Ⅳ．①TS972.182.71

中国版本图书馆CIP数据核字（2019）第215891号

---

策划编辑：舒文慧　　　特约编辑：吕倩　　　责任校对：韩雪丽
责任设计：水长流文化　　责任印制：王艳丽

---

中国纺织出版社有限公司出版发行
地址：北京市朝阳区百子湾东里A407号楼　邮政编码：100124
销售电话：010—67004422　传真：010—87155801
http：//www.c-textilep.com
中国纺织出版社天猫旗舰店
官方微博http：//weibo.com/2119887771
北京华联印刷有限公司印刷　各地新华书店经销
2020年1月第1版第1次印刷
开本：787×1092　1/16　印张：18
字数：221千字　　定价：98.00元

---